Psiconautas

FÓSFORO

MARCELO LEITE

Psiconautas

Viagens com a ciência psicodélica brasileira

Prefácio por
SIDARTA RIBEIRO

2ª reimpressão

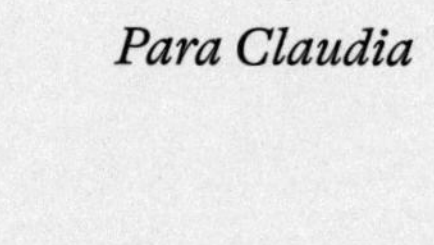

Para Claudia

Prefácio

QUANDO MARCELO ME CONVIDOU para fazer o prefácio de seu sólido, audaz e emocionante livro sobre a renascença psicodélica em pleno curso, senti muitas emoções positivas emergirem no mesmo “sim”. Afinal de contas, lá se vão dezesseis anos de construção de uma fraterna amizade e de uma relação profissional impecável. Esse tempo mais recente em que interagimos de perto foi precedido por um período equivalente em que eu era um jovem cientista em formação, devorador de jornais e, portanto, aprendiz remoto deste mestre do jornalismo científico, pioneiro entre os brasileiros na atitude de se apropriar sem medo e criticamente de qualquer novidade da pesquisa para levar o leitor não especializado a também se apropriar das descobertas, avanços e reviravoltas da ciência.

Seja aprendendo sobre a crise climática planetária, as conquistas e promessas não cumpridas do Projeto Genoma Humano, a imensa fronteira antártica ou os desastres de Belo Monte, o vírus da zika e o novo coronavírus, me acostumei a ler nas páginas da *Folha de S.Paulo* e outros veículos as palavras argutas e sempre bem informadas de Marcelo, em seu longo e coerente percurso de formação do público brasileiro capaz de consumir e reverberar notícias científicas, essa incrível pletora diária de imagens, números, raciocínios e metáforas sobre a realidade aquém e além dos sentidos. Na era da internet e do fato instantâneo, da catadupa de manchetes e da explosão combinatória de inter-relações entre as tantas disciplinas do saber, tornou-se ainda mais influente o rigor intelectual e ético praticado e ensinado por Marcelo às novas gerações de excelentes jornalistas científicos brasileiros.

Quando me encontrei com Marcelo pela primeira vez, em 2004, formei uma impressão duradoura de sua seriedade, objetividade e neutralidade — na verdade, uma couraça de razão. Aprendi em múltiplas interações ao longo dos anos que Marcelo curte ciência adoidado, mas não se deixa mesmerizar por ela. Aprendi também que ele se envolve de corpo e alma no que faz — mas sempre com o espírito de um Sherlock Holmes germano-brazuca, metódico, fleumático, extremamente cético, ainda que polido. Se nosso tarimbado analista e repórter investigativo tivesse optado por ser cientista profissional, com certeza teria se revelado um ás na pesquisa — e um osso duro de roer nas revisões por pares dos artigos.

Desnecessário dizer que fiquei entusiasmado quando Marcelo me contou que sua curiosidade havia sido capturada pelos psicodélicos. Como bom farejador de novidades importantes, ele se deu conta da crescente relevância biomédica do tema e decidiu realizar o salto necessário para uma narrativa profunda: resolveu aprender sobre os efeitos dessas substâncias em si mesmo para escrever este livro com duas perspectivas entrelaçadas, uma revisão ampla e atualizada dos principais fatos científicos relacionados aos psicodélicos e uma saborosa descrição fenomenológica da experiência pessoal. Reportagem em carne viva, ali onde jornalismo se confunde com antropologia e psicologia experimental. Um autoexame radical na zona de arrebentação da consciência.

É louvável, honesto e auspicioso que tenha sido assim. Marcelo integra a linha de frente dos formadores de opinião que acreditam que o leitor e a leitora podem entender tudo se a explicação for boa. O livro cumpre o excelente papel de (in)formar sobre a revolução científica que, na última década, vem colocando as substâncias psicodélicas no centro da psiquiatria do século 21 — com participação relevante de pesquisadores brasileiros. Há urgência em educar o público brasileiro quanto aos mecanismos biológicos e efeitos terapêuticos advindos da ligação de pequenas moléculas semelhantes à serotonina às enormes moléculas proteicas ancoradas na superfície das membranas neuronais. Tais eventos bioquímicos externos às células deflagram reconfigurações estruturais das enormes moléculas, ativando enzimas localizadas no interior celular que, por sua vez, desencadeiam a síntese de muitas outras pequenas moléculas sinalizadoras rumo aos seus núcleos, levando até o âmago onde residem os genes de cada neurônio a informação crucial de que alguma mudança gigantesca já começou. O livro não seria a preciosidade que é se Marcelo não tivesse sido capaz de reportar, como psiconauta iniciado, o sabor, a textura, a cor e toda a qualidade íntima dessa gigantesca mudança.

A posição epistemológica de que a investigação da consciência não pode prescindir dos autoexperimentos remonta ao platonismo. Na neurociência ela foi reconhecida e praticada pelo biólogo chileno Humberto Maturana a partir da década de 1970. Ao se interessar por conhecer os psicodélicos pelo lado de fora (como avaliador crítico de artigos científicos e entrevistas), e também ao vivenciá-los pelo lado de dentro (como psiconauta que ingeriu uma substância psicodélica em dose suficiente para que se produzisse uma alteração de consciência robusta), Marcelo se posicionou estrategicamente para se encontrar de verdade com seu novo objeto de pesquisa — e isso o transformou profundamente.

Não que o ofício jornalístico não o tivesse marcado antes. Basta pedir que descreva as espantosas paisagens antárticas ou as chamas criminosas que consomem a Amazônia para que os olhos de Marcelo corisquem e as memórias aflorem com nitidez. Ocorre, porém, que a transformação mental propiciada pelo engajamento motivado em algum assunto tem o acréscimo poderoso, no caso da autopesquisa com substâncias psicodélicas, do aumento da plasticidade neural — um termo técnico que designa o aumento do número de contatos sinápticos e de sua maleabilidade. Em outras palavras, Marcelo se deixou transformar por um objeto de pesquisa ao qual é inerente, por muitas horas, a aceleração intensa da modificação das conexões neuronais e a amplificação das impressões causadas pelos elementos presentes no ambiente.

E isso não é tudo. Nos dias subsequentes à experiência psicodélica, as alterações biológicas por ela induzidas provocam, através de mecanismos ainda em parte misteriosos, grandes mudanças nas emoções, percepções e formas de raciocinar. O resultado dessa coragem de se transformar é o magnífico texto que você tem em mãos. Livro novo sobre tema novo, escrito por um homem renovado pela disposição de se abrir, mudar, crescer e seguir se desenvolvendo sem limites até a dissolução final no infinito.

Quebrando o tabu da pessoalidade, cruzando a fronteira dos afetos mesmo com desconhecidos, mas sobretudo com os familiares, ousando falar de si e expor vulnerabilidades, rendendo defesas e deixando de lado a fleuma até chegar à contundência necessária diante da *catatopia* do presente, Marcelo se aproxima daquilo que ele mesmo chama, com bom humor, de piegas. Imaginem o que isso significa para um mestre do cool como ele! O mais lindo, porém, é que esses momentos são precisamente os melhores do livro. Piegas nada: humano. Na descoberta nua do frêmito, na busca incipiente das mirações avassaladoras e da dissolução do ego que um dia impávida, inexorável virá, Marcelo conclui que a coisa mais importante é mesmo o amor.

Melhor do que isso, só o silêncio.

SIDARTA RIBEIRO
Agosto de 2020

Planta professora

O pescador Odair do Livramento (os nomes de Odair e de sua mulher são fictícios) chega bem arrumado à entrevista na saleta do Hospital Universitário Onofre Lopes (HUOL), em Natal, pouco depois da consulta de rotina no setor de psiquiatria: tênis vermelhos, meias brancas, bermuda cargo xadrez, camiseta polo azul-escura, óculos de sol, boné do New York Yankees, correntinha e relógio dourados. Vem acompanhado de Ivoneide Campos, sua mulher há 32 anos, com quem teve três filhos. Não faz figura de quem luta há anos com uma depressão resistente, refratária aos remédios disponíveis, nem de quem buscaria em substâncias psicodélicas um alívio para tanto sofrimento.

Com 5,8% dos brasileiros afetados por esse transtorno mental, não estranha que escape à atenção o caso de Odair, um entre os mais de 12 milhões de clinicamente deprimidos do país.[1] A não ser, claro, que comece a falar da própria vida, como se dispõe a fazer esse paciente de 59 anos do HUOL, uma unidade da Universidade Federal do Rio Grande do Norte, que participou de um estudo em parceria com o Instituto do Cérebro, da mesma UFRN, sobre o potencial terapêutico da ayahuasca — o primeiro do mundo a testar um psicodélico para depressão de acordo com o padrão ouro da pesquisa biomédica, no qual a eficácia de terapias é estabelecida com testes clínicos controlados em que participantes são distribuídos aleatoriamente em dois grupos (diz-se "randomizados"), um de tratamento e outro de placebo. Nem experimentadores nem participantes sabem quem tomou o quê, esquema conhecido como "duplo-cego".

O ofício ele já havia abandonado anos antes. Sua doença começou a se manifestar quando nasceu o filho do meio, que contava trinta anos em novembro de 2018, época da entrevista. Em vários momentos das três décadas seguintes, Odair só fazia comer e dormir, tudo sem gosto pela coisa, trancado dentro de casa. Saía de tempos em tempos, relata a mulher, para se embrenhar no mato com uma espingarda, dizendo que ia caçar, e passava a noite por lá. Em 2014 piorou muito, não tirava o chapéu da cabeça nem dentro de casa. Não lembrava mais o nome do filho.

Odair conta que bebeu o "chá do índio" uma única vez, numa quarta-feira de 2015, durante o experimento no HUOL — como nenhum participante sabia o que tinha tomado, pode ter sido placebo. O pesquisador Dráulio Barros de Araújo lhe perguntara se topava tomar a bebida amarga e amarronzada que se prepara com o cipó-mariri (*Banisteriopsis caapi*), também chamado de jagube, e as folhas da chacrona (*Psychotria viridis*), um sacramento nos cultos de religiões como Santo Daime, União do Vegetal e Barquinha. "Topo, tomo até veneno", respondeu o pescador atormentado. Ele descreveu assim a beberagem cedida à universidade pela Barquinha de Ji-Paraná (RO), que o placebo procurava imitar com aditivos para cor, sabor amargo e capacidade de provocar desconforto gástrico: "O bicho é forte. Tinha cor de sangue, um bafo de sangue".

Três anos depois de participar do estudo, em entrevista para este livro, já não tinha muita clareza sobre o que vivenciou. Conta que sonhou com uma santa de cabelos muito compridos na região do Canto do Mangue, onde fica o mercado de peixes de Natal. A entidade perguntou-lhe se tinha coragem para cair na água com ela e atravessar a barra, passando debaixo da ponte. Ele respondeu que só tinha medo de cação. A santa: "O senhor andando mais eu, está abençoado, o tubarão não vai pegar. Mas vou pedir para o senhor acender aqui dois maços de vela".

Já em terra, olhou de volta para o mar e não viu mais ninguém, conta Odair. A voz e as mãos começam a tremer. Entre lágrimas, diz que nunca voltou para acender as velas: "Tá pronto pra mim. Não acendi os dois maços. Mas tenho fé em Deus que ainda vou acender, não esqueci. Promessa é promessa".

Ele relata que sentiu o efeito no corpo todo, em cinco minutos (a ayahuasca costuma demorar bem mais que isso para agir), recolhido na salinha do Hospital Universitário. Foi como uma anestesia: passou a dor no ombro, no braço, nas pernas. Por causa delas tinha vendido a bicicleta, não conseguia mais pedalar. Até para vestir uma cueca precisava sentar-se, não dava jeito. Mas o pior era a barriga, que vivia inchada e dura: "De lá para cá acabou-se", conta o pescador. Pergunto o que o ajudou mais, se foi a bebida ou se foi a santa dos cabelos compridos que o convidara para nadar com o tubarão debaixo da ponte. Ele: "Os dois. O chá primeiro". Embora se descreva cansado, "mais embaçado que carro velho", Odair diz que sua vida melhorou. Não pensa mais "besteira". A mulher, Ivoneide, conta que depois do experimento ele ficou mais leve, até hoje.

Como os outros 28 participantes do teste clínico que sofriam de depressão moderada a grave, Odair tinha sido admitido no HUOL na tarde da terça-feira, o dia anterior à sessão com ayahuasca ou placebo, após o chamado *washout*, período de duas semanas sem tomar nenhum medicamento antidepressivo. Catorze pessoas tomariam o chá, e os outros quinze, o placebo, a bebida inócua. Os critérios para ser aceito no estudo eram ter passado por tratamentos com pelo menos dois remédios antidepressivos de classes diferentes sem bons resultados e não ter contato prévio com a ayahuasca.

Na mesma tarde, o pescador enfrentou consultas com psiquiatras e psicólogos, submeteu-se a exames de ressonância magnética funcional e, durante o sono, de eletroencefalografia. Na quarta-feira, o segundo dos quatro dias do experimento, coletaram-se amostras de sangue e saliva, houve novos encontros de preparação e, das dez às quatro, a sessão com ayahuasca ou placebo numa sala com poltrona confortável e música suave tocando em fones de ouvido, seguida de questionários de avaliação do estado mental (escala de depressão, experiência mística etc.). Na quinta, nova bateria de exames e testes. Na sexta, última amostragem de sangue e saliva, consulta derradeira com psiquiatra (que seria repetida sete dias depois) e, por fim, alta.

A intensidade da depressão dos participantes no estudo da UFRN foi avaliada por meio de dois questionários e escalas padronizadas (HAM-D e MADRS) com intervalos de um, dois e sete dias depois da sessão de dosagem. Dos catorze pacientes que tomaram a ayahuasca, nove apresentaram escores mais baixos de depressão já nos primeiros dias e, para surpresa dos pesquisadores, alguns chegaram a ter resultados ainda melhores sete dias depois. No grupo de controle, que ingeriu placebo, quatro manifestaram melhora.

São resultados encorajadores e coincidentes — ainda que obtidos num grupo diminuto de pessoas — com a observação anedótica de que são menos comuns os casos de depressão entre seguidores das religiões da ayahuasca, como constatado em vários estudos baseados em aplicação de questionários de avaliação de transtornos mentais em usuários experientes e novatos do chá.[2] O efeito rápido e persistente por sete dias também contrasta com o da classe mais receitada de antidepressivos, os inibidores seletivos de recaptação (reabsorção) de serotonina. Com a promessa de revolucionar o tratamento da depressão, os ISRS, como a fluoxetina comercializada a partir de 1987 pela Eli Lilly com o nome de Prozac, costumam demorar semanas para trazer benefícios, podem ser acompanhados de efeitos adversos como perda de libido e desencadearam controvérsia sobre possível aumento de pensamentos suicidas, particularmente em crianças e adolescentes — sem mencionar o fato de que não ajudam cerca de um terço dos pacientes, como os que participaram da pesquisa em Natal.

É difícil pensar na ayahuasca, por outro lado, como um remédio, a começar pelas questões de formulação e dosagem. Cada religião que a tem como sacramento e cada "ponto de luz", como são chamados os locais de culto, têm seus próprios modos e rituais para preparar a bebida, como a forma de maceração do cipó-mariri e o tempo de cocção com as folhas da chacrona. As várias receitas podem resultar em algo parecido com um chá ralo ou em um líquido espesso e viscoso, como mel.

Um levantamento da pesquisadora Alessandra Sussulini, do Instituto de Química da Universidade Estadual de Campinas (Unicamp), revelou grande disparidade na composição de 38 amostras de ayahuasca obtidas da União do Vegetal (UDV) no estado de São Paulo, com concentrações do composto psicodélico N,N-dimetiltriptamina (DMT) variando de 75 a 150 miligramas por litro de infusão, e também em outras substâncias ativas do chá, como tetrahidroharmina, harmina e harmalina, as chamadas betacarbolinas. A significativa heterogeneidade desse tipo de extrato, concluíram a autora e seus colaboradores, torna a padronização do chá de ayahuasca para uso medicinal um enorme desafio.[3] Mais preocupante, conforme relatado por Sussulini em reunião científica de 2018 na Unicamp,[4] foi o que ela encontrou em amostras obtidas de grupos da Europa, as quais incluíam compostos psicoativos que pouco têm a ver com o "cipó dos espíritos", ou a "planta professora", tais como psilocibina (dos cogumelos *Psilocybe*) e até antidepressivos sintéticos.

No caso do experimento potiguar, formulação e dosagem estavam sob controle porque o chá vinha de uma única fonte (concentração de DMT de 360 miligramas por litro) e a dose era padronizada, por via oral, em um mililitro por quilo do paciente. Mesmo assim, ainda é difícil imaginar que a ayahuasca venha a ser empregada em contexto clínico, amplamente, com todo o aparato exigido para assistir pacientes submetidos a um estado alterado de consciência que dura cerca de quatro horas, em especial no depauperado Sistema Único de Saúde do Brasil. Mais provável, se os benefícios forem confirmados em testes clínicos com grupos maiores de participantes, é que se caminhe para aplicações de compostos sintéticos isolados ou em combinação, como DMT com harmina.

De toda maneira, o trabalho realizado pela equipe do Instituto do Cérebro e do hospital da UFRN confirma o potencial inegável dos compostos da ayahuasca para os cerca de 300 milhões de pessoas que sofrem com depressão no mundo, dos quais 100 milhões são resistentes aos antidepressivos convencionais. A publicação do artigo técnico registrando o achado, entretanto, só aconteceria em 2019, dois anos depois, após recusa dos editores de uma dúzia de periódicos científicos, mesmo com comentários favoráveis de vários revisores.[5] Certos de que tinham em mãos resultados relevantes para a ciência e a saúde pública, em janeiro de 2017 os autores já haviam decidido torná-los públicos no diretório de acesso aberto *bioRxiv*,[6] prescindindo para tanto do aval de pares na comunidade biomédica, ou seja, sem a chamada *peer review*, a revisão por pares normalmente adotada por revistas acadêmicas para ancorar a qualidade das pesquisas publicadas.

"Pelo nosso conhecimento, este é o primeiro ensaio clínico

controlado a testar uma substância psicodélica para depressão resistente a tratamento", escreveram os pesquisadores nas conclusões, sem pejo de anotar o ineditismo do trabalho. "No geral, este estudo traz nova evidência de apoio à segurança e ao valor terapêutico da ayahuasca ministrada em uma situação (*setting*) apropriada para auxiliar no tratamento da depressão." A pesquisa foi noticiada em vários jornais do mundo. Antes disso, só haviam sido publicados artigos sobre uso de psicodélicos contra depressão em testes abertos, sem grupo de controle com placebo — seja com ayahuasca, estudo feito por alguns cientistas do mesmo grupo,[7] seja com psilocibina, investigada por uma equipe do Imperial College de Londres.[8]

Zapeando o cérebro

A primeira autora do artigo sobre depressão é Fernanda, o F da citação acadêmica que começa com "Palhano-Fontes, F.". Miúda e sorridente, a engenheira é tomada com frequência por médica ou enfermeira nos corredores do Hospital Universitário Onofre Lopes. Tornou-se o rosto mais conhecido para os 29 pacientes que tomaram parte na pesquisa com ayahuasca, pois toda a logística passava por ela: marcar consultas com psiquiatras e psicólogos, coletas de sangue, exames de neuroimagem, garantir que os pacientes fossem internados no dia e na hora certos, agendar entrevistas uma semana depois. A pesquisadora conta que não foi nada fácil, de início, a transição da engenharia para a neurociência: "A maioria dos meus colegas de faculdade ganhando dinheiro no petróleo, e eu com vida de estudante".

A migração teve origem numa palestra do físico Dráulio de Araújo a que ela assistiu, em outubro de 2009, no Instituto Internacional de Neurociências de Natal Edmond e Lily Safra (IINN-ELS), do qual surgiria em 2011, como dissidência, o Instituto do Cérebro da UFRN. Gostou do que ouviu sobre aplicação de técnicas para obter imagens do cérebro em funcionamento nos campos da clínica e dos estudos de neurociência. Candidatou-se então à seleção para o mestrado e foi aprovada para trabalhar com ressonância magnética funcional, uma das ferramentas utilizadas por Dráulio. Só depois de passar no exame ficou sabendo que os objetos da pesquisa eram ayahuasca e depressão, coisas com as quais ela nunca tinha tido contato, mas foi em frente sobretudo por causa da paixão pela técnica para obter imagens do cérebro. Para complicar sua opção de carreira, tudo aconteceu na semana em que o cartunista Glauco Villas Boas, adepto do Santo Daime, foi assassinado com o filho Raoni no templo da comunidade Céu de Maria, fundada por ele em Osasco, caso que alcançou repercussão nacional.

A pesquisa de mestrado de Fernanda, publicada em 2015,[9] investigou com ressonância magnética as conexões entre áreas do cérebro de dez usuários experimentados em ayahuasca. E confirmou, no caso do chá, um efeito conhecido de outros compostos psicodélicos, como LSD e psilocibina, e também da meditação: uma redução na atividade da rede de modo padrão, ou DMN (do inglês *default mode network*). Essa rede se compõe de um conjunto característico de conexões entre áreas do cérebro e fica muito ativa durante a introspecção, quando a pessoa não se encontra envolvida em tarefas com objetivo definido, mas ciente dos próprios pensamentos e emoções, concentrada em sua biografia e no futuro. Se o cérebro fosse um serviço de TV paga, suas diferentes redes seriam grupos de canais mais especializados, como, no caso da rede de modo padrão, os dedicados a filmes biográficos, dramas históricos ou de guerra e ficção científica.

A DMN se mostra um tanto turbinada em transtornos mentais como a depressão, quando o indivíduo não consegue se livrar de pensamentos negativos sobre a vida. Seria como se uma pane no sistema do serviço pago restringisse o acesso a todos os outros canais e a pessoa ficasse condenada a assistir só a alguns, sem comédias, filmes românticos, documentários, notícias ou musicais, por exemplo. Nos casos graves, só passam biografias de gente infeliz, histórias de guerras sangrentas e futurologia distópica. Especula-se que o efeito terapêutico dos psicodélicos venha ao menos em parte da capacidade de relaxar a DMN, ou seja, seguindo a analogia, de restabelecer o acesso ao restante da programação.

Ainda durante o mestrado de Fernanda, Dráulio e ela começaram a pôr em prática a ideia de uma investigação mais ambiciosa sobre ayahuasca e depressão, incluindo o grupo de controle com placebo, além de analisar marcadores biológicos como o nível do hormônio cortisol e as imagens de ressonância magnética funcional com pacientes sem experiência anterior com o chá. Como executora do projeto, a engenheira acabou por se enfronhar também na análise dos questionários, vale dizer, na mensuração e tabulação dos efeitos antidepressivos. "A gente via algo mais acontecendo. O que estamos vendo de melhora, será que é real?", questionava-se. Em linguagem científica, a pergunta era se os escores reduzidos nas escalas de depressão eram estatisticamente significativos — e assim se comprovou.

Conviver estreitamente com os pacientes transformou Fernanda. No hospital, ela nem se dá mais ao trabalho de ficar repetindo que é engenheira e não médica, embora recuse dar conselhos quando lhe pedem, explicando que não pode clinicar. "Gostei muito de fazer coisas mais aplicadas, ter contato com as pessoas, ver as coisas acontecendo", diz com os olhos brilhando. "Penso em continuar avaliando a ayahuasca como tratamento. Talvez com mais doses? Poderá tornar-se um tratamento alternativo?" A análise das imagens, sua antiga paixão, ficou para mais tarde.

Para ela, todos os pacientes se beneficiaram com o projeto, inclusive os que receberam o placebo, em razão da atenção recebida de pessoas como ela e Dráulio, durante alguns dias, num ambiente acolhedor. Fernanda conta, divertida, que dois de seus colegas de faculdade acabaram por se engajar, como ela, na neurociência. "Mas eles continuam olhando sinal [nos dados]. Só eu olho gente [nos olhos]."

O primeiro contato do físico cearense Dráulio de Araújo com a ayahuasca se deu em Ribeirão Preto (SP), no Dia de Finados de 2005. Ele era professor no Departamento de Física do campus da Universidade de São Paulo (USP) na cidade e foi levado por Tiago Arruda Sanchez, então aluno de doutorado e hoje professor na Universidade Federal do Rio de Janeiro (UFRJ), a uma sessão do Santo Daime no Rainha do Céu, centro mantido por César Augusto Villas Boas, o Pelicano, irmão do cartunista Glauco. O festejo de Finados começou às nove da noite e durou até as sete da manhã, e o físico saiu de lá com uma pergunta: qual é a natureza da realidade?

Durante o efeito do chá, Dráulio teve visões bizarras com vários elementos de sonho mas com um senso de realidade exatamente igual ao do momento da entrevista realizada num hotel de São Paulo, em novembro de 2019. A bizarrice do sonho só é percebida como real enquanto ele dura e, no acordar de quem sonha, ela se dissipa. Não é assim com as mirações da ayahuasca, que deixam a impressão de realidade mesmo depois de terminada a viagem. "Precisamos estudar isso, usar as nossas técnicas", comentou com Tiago à saída do culto.

Ele se referia principalmente à ferramenta da ressonância magnética funcional, que permite registrar a maior ou menor atividade de regiões do cérebro, e que sabia usar bem. Começou a colaborar, então, com o psiquiatra Jaime Hallak em pesquisas para entender o efeito do chá na mente e seu potencial terapêutico, parceria da qual resultariam um trabalho de 2011 sobre a base neural das visões obtidas com ayahuasca, sugestivamente intitulado de "Vendo com os olhos fechados", e, logo após, o estudo pioneiro sobre depressão — aberto, ainda sem grupo de controle —, publicado em 2015.[10]

Dráulio andava intrigado com a ligação entre o senso de realidade e o sistema visual, a conexão São Tomé ("ver para crer"), como diz. "O ser humano é um bicho visual. Curiosamente, as substâncias psicodélicas atuam sobre a visão." Por outro lado, na introspecção do abstêmio ocorre uma inibição do córtex visual, como se ele fechasse os olhos ao assistir ao filme de sua vida passada e futura e se concentrasse no fluxo de palavras e reflexões. Ao investigar o que acontece no cérebro sob efeito da ayahuasca, o grupo de Ribeirão constatou que não há essa inibição, o que, na concepção de Dráulio, abriria uma janela para a pessoa enxergar os próprios pensamentos numa tela de TV interna — no caso da ayahuasca, seria essa a gênese das mirações. O possível efeito terapêutico do chá poderia estar associado a esse acesso privilegiado a conteúdos obscuros da mente, como os traumas, e à abertura de brechas na ruminação, isto é, a tendência a ficar preso num círculo de pensamentos de teor emocional negativo. Em outras palavras, algo como readquirir a capacidade de zapear entre os diversos canais e redes do próprio cérebro.

O estudo preliminar sobre depressão começou em Ribeirão Preto, mas o completo, com grupo de controle, seria realizado só em Natal, para onde Dráulio se mudou por causa de um trauma e de outras coincidências. No dia 2 de setembro de 2006, menos de um ano após a primeira incursão no Santo Daime em terras paulistas, o físico recebeu a notícia da morte de seu irmão Ricardo, instrutor de mergulho, num acidente de barco no Ceará. Hospedado em sua casa em Ribeirão se encontrava o neurocientista Sidarta Ribeiro, amigo e coautor de trabalhos científicos sobre a ayahuasca que, àquela altura, estava envolvido com Miguel Nicolelis, seu então mentor, na criação do Instituto Internacional de Neurociências de Natal Edmond e Lily Safra (IINN-ELS), que mais tarde viria a se chamar Instituto Internacional de Neurociências Edmond e Lily Safra (IIN-ELS). No enterro do irmão em Fortaleza, Dráulio virou-se para a mulher, Juliana, cearense como ele, e lhe perguntou se deveriam voltar para perto de casa.

Havia um acordo entre o IINN-ELS e a UFRN para contratação de professores e pesquisadores, o que deu oportunidade para Dráulio começar conversas com Sidarta sobre a possibilidade de se mudar para o Rio Grande do Norte. Em 2008 prestou concurso para uma das vagas e no ano seguinte se transferiu para Natal, cogitando a ideia de empreender o ensaio randomizado sobre o efeito da ayahuasca na depressão. A mudança para as ensolaradas praias potiguares lhe permitiria, ainda, retomar a prática de duas paixões, o surfe e o mergulho oceânico — meditação, ioga e paraquedismo também figuram no rol de atividades do irrequieto físico.

Apenas em 2016 o ambicioso teste clínico seria completado, pois foi preciso obter todas as aprovações de comitês de ética na nova instituição e recrutar, numa cidade estranha, todo um grupo interdisciplinar. Além de Fernanda Palhano, aderiram os psiquiatras João Paulo Maia de Oliveira e Emerson Arcoverde, a fisiologista Nicole Leite Galvão-Coelho e o biofísico Bruno Lobão Soares. Não deve ter sido difícil convencer cada um — só demorado, por causa do grande número de envolvidos, que tinham de ser convidados individualmente. O físico cearense pode ser muito persuasivo, com sua voz pausada e o semblante plácido, sob os quais se oculta um espírito obstinado e em ebulição intelectual. A publicação do artigo científico em periódico auditado por outros pesquisadores demoraria ainda dois anos, mas em nenhum momento o líder da equipe fraquejou, submetendo o estudo a treze revistas até vê-lo aceito. Entre uma submissão e outra, contudo, em meio às dezenas de mensagens de e-mail com editores ressabiados, Dráulio já preparava seus próximos passos.

Nosso primeiro encontro aconteceu em abril de 2017, na cidade de Oakland (Califórnia, EUA), onde se realizava a terceira e decisiva edição da conferência Psychedelic Science, sobre o que vem sendo chamado de "renascimento psicodélico". A apresentação foi intermediada por Sidarta, que eu já conhecia de reportagem na Universidade Duke (Carolina do Norte, EUA), onde ele atuava como pesquisador no laboratório de Miguel Nicolelis. Na mesma reunião em Oakland, um misto de congresso científico, happening esotérico e homenagem a heróis da resistência contra o proibicionismo, reencontrei o biólogo Stevens "Bitty" Rehen e conheci o psiquiatra Luís Fernando Tófoli — completando assim o quarteto de psiconautas que foi decisivo para este livro.

Naquela altura, Dráulio estava finalizando os preparativos para uma nova mudança, desta vez de país. Iria à Universidade da Califórnia, em Santa Bárbara, para um sabático de dois anos, acompanhado da mulher, Juliana, e da filha, Lara. Ele compara a façanha do experimento sobre ayahuasca e depressão com uma expedição ao Himalaia, que demanda de dois a três anos só para montar uma equipe, obter verba e reunir equipamento. "Passada a expedição, precisava sentar e escrever sobre o que vimos, e pensar para onde gostaríamos de ir em seguida", resume. Melhor dizendo, definir o que iria investigar quando voltasse, em 2019, para o Rio Grande do Norte e o Instituto do Cérebro da UFRN.

Restavam do teste clínico sobre ayahuasca e depressão os dados de marcadores bioquímicos, eletroencefalografia e imagens de ressonância magnética coletados dos pacientes, que ainda restava analisar e, por isso, não entraram na publicação. Mais do mesmo, por assim dizer. Mas não faltam planos do físico para montar novos experimentos com psicodélicos e coisas parecidas. O primeiro da lista ainda seria em busca de um tratamento alternativo para a depressão, mas com um composto aparentado ao DMT do chá que leva o nome complicado de 5-metoxi-N,N-dimetiltriptamina, ou, abreviadamente, 5-MeO-DMT. E não é só na denominação que o composto soa exótico para um candidato a droga antidepressiva: sua fonte natural mais conhecida é o veneno de um anfíbio, o *Incilius alvarius*, também chamado de sapo-do-deserto-de-sonora ou sapo-do-rio-colorado.

Dráulio vê algumas vantagens no 5-MeO-DMT sobre o DMT da ayahuasca. Mesmo causando um efeito psicodélico profundo, a viagem é de curta duração: de quinze a vinte minutos, contra quatro ou cinco horas no caso do chá. Como outros psicodélicos, é considerada segura, vale dizer, tem baixa toxicidade e reduzido potencial para causar dependência. Não faltam relatos de melhora de humor com sua ingestão. Mas o mais importante é mesmo a duração, que facilitaria muito o emprego como tratamento, caso venha a revelar, de fato, uma ação antidepressiva. As sessões de dosagem poderiam ser curtas, no espaço de uma consulta, sem exigir o longo e custoso acompanhamento do paciente durante as várias horas da viagem induzida pela ayahuasca, o estado alterado de consciência que muitos usuários do chá chamam de Força.

Em lugar de comparar a ação do 5-MeO-DMT com um placebo, a ideia desta vez seria confrontá-la com a cetamina (ou quetamina), anestésico que ocasiona uma espécie de transe e é usado por psiquiatras para tratar alguns transtornos mentais. O Hospital Universitário da UFRN, onde se realizou o teste da ayahuasca, já tem em andamento um ensaio clínico com cetamina para depressão, e Dráulio planeja pegar uma carona nele para fazer a comparação direta. O físico alimenta a expectativa de que o 5-MeO-DMT tenha efeito antidepressivo mais duradouro que a cetamina e a própria ayahuasca, que o experimento anterior revelou perdurar por pelo menos sete dias.

Outra substância na mira de Dráulio e do quarteto psiconauta de que faz parte é mais conhecida do público, e também mais controversa pelo papel desempenhado na contracultura dos anos 1960-70: a dietilamida do ácido lisérgico, ou LSD. Estudos preliminares com roedores indicam potencial para melhorar a memória e outras faculdades cognitivas na idade avançada, o que terá enorme aplicação na geriatria, se o benefício se confirmar em seres humanos.

Maconha também figura no cardápio de pesquisas, informa Dráulio, que planeja duas classes de experimentos. O primeiro deles iria na linha do LSD, pois há evidências em experimentos com animais de benefício cognitivo da marijuana para organismos mais velhos. Além disso, o físico quer também avaliar o efeito da cannabis na criatividade, do qual muito se fala, mas que ainda não conta com dados científicos criteriosos na sua avaliação.

Por último, mas não menos importante nem surpreendente, o pesquisador pretende investigar as mudanças cognitivas e fisiológicas induzidas no indivíduo que salta de paraquedas. Como praticante desse esporte, intrigam-no as alterações que experimenta na percepção do tempo: os poucos segundos ou minutos entre sair do avião e abrir o paraquedas são vividos pelo saltador como um estado prolongado de atenção e fruição máximas. Ao voltar da Califórnia em 2019, Dráulio trouxe no contêiner de mudança um paraquedas adquirido por lá a preço mais camarada que no Brasil. Seu plano é colaborar com o curso de Educação Física da UFRN e com o Batalhão de Operações Policiais Especiais (Bope) da Polícia Militar do Rio Grande do Norte para se lançar nessa outra aventura científica, comparando os cérebros de soldados do batalhão com os de pacatos civis.

Para Zileide Santos (nome fictício), o inferno da depressão começara dezesseis anos antes, com tremores noturnos e um pessimismo incontornável. Na ocasião, aos 34 anos de idade, a professora de ciências da rede municipal de Natal teve de trocar o turno de trabalho do período da noite pelo diurno e não se deu bem com a agitação dos alunos; descobriu que o filho tinha lúpus, uma doença autoimune incurável, e se separou do marido. Teve início aí uma peregrinação malsucedida pela farmacopeia psiquiátrica: fluoxetina, paroxetina, clonazepam, desvenlafaxina... Os medicamentos até ajudavam com os tremores, mas se revelaram incapazes de debelar a depressão. Queria que todos a esquecessem, não tolerava som algum, luz nem pensar. Só falava em problemas. Não sabe como sua família a aguentou.

"Não vivo mais naquela prisão", contou na entrevista em dezembro de 2018, dois anos e oito meses depois de participar do experimento com ayahuasca conduzido pelo Instituto do Cérebro da UFRN. "A depressão é como ser roubado de si. Não consegui voltar a ser o que era, ter aquela alegria. Mas fui atrás de ajuda, para não me afundar." Hoje ela se orgulha da autonomia reconquistada, do trabalho retomado, de se sentir produtiva e dar conta das próprias finanças.

Ela viu no site da universidade uma chamada para participar do teste clínico e não hesitou em se candidatar. Só sabia do daime por ouvir falar. Antes de beber o chá, achava que ficaria fora de si sob seu efeito, mas isso não aconteceu. Descreve a experiência como interessante: bolinhas se moviam pelo chão de maneira bem coordenada, luzes piscavam na parede. Vomitou só uma vez. Teve também visões mais complexas, com muitos símbolos, mas não sabe dizer ao certo se durante a viagem da ayahuasca ou se em sonhos na noite seguinte.

Foi como se estivesse caminhando pela mata. Nas árvores grandes enxergava símbolos, em flashes, que sabia serem religiosos, mas não de qual religião. Símbolos entalhados nos troncos, ou dependurados. Não tinha noção de onde estava. Não via bichos. "Nem cobras?", pergunto, sabendo que serpentes, assim como plantas, são elementos assíduos nas mirações causadas pela ayahuasca. "Não, só cipós."

Na noite seguinte, afirma com mais segurança, os símbolos ganharam continuidade em sonhos. Surgiram então pintados nos corpos de indígenas que aparentavam participar de um ritual. Ficou na dúvida se tinha algo a ver com o chá, ou se era sua própria mente induzindo-a a revisitar os símbolos. "Não consegui tirar um entendimento." A sensação não era de medo, explicou. Era como se ela fosse indistinguível deles.

Zileide não chega, porém, a qualificar sua sessão como positiva, avaliação que reserva para o processo inteiro. "Essas conversas e entrevistas me fizeram parar para pensar sobre a minha vida. O chá também teve participação, porque a visão que tive foi muito bonita." Conta que sentiu vontade de procurar uma das religiões da ayahuasca, intenção que os filhos apoiariam, por terem visto como ela se tornara agressiva a ponto de enlouquecer. Mas não sabe se conseguiria se adaptar aos rituais. "Não foi só a experiência [com a ayahuasca], ela faz parte de um contexto. Foi minha vontade de não me abater. Corri atrás de algo para melhorar minha vida." Recomendaria o mesmo para outros deprimidos desamparados pelos medicamentos existentes? "Recomendo. Sinto que passei a ter uma visão mais positiva." Zileide acabou não buscando uma das religiões da ayahuasca, pois a experiência única com a beberagem já lhe dera condições de reorganizar a vida. Quem quiser se beneficiar do uso contínuo do preparado terá de frequentar algum desses cultos onde se bebe o chá duas vezes por mês, dado que terapias com apoio de substâncias psicodélicas ainda não estão regulamentadas no Brasil nem na maior parte dos países.

Os médicos João Paulo Maia de Oliveira e Emerson Arcoverde, do Hospital Universitário Onofre Lopes, conheciam o físico Dráulio de Araújo da Faculdade de Medicina da USP de Ribeirão Preto, onde fizeram residência em psiquiatria e participaram dos primeiros estudos abertos sobre depressão e ayahuasca do grupo de Jaime Hallak. De volta a Natal, onde haviam estudado na graduação, depararam-se com a realidade dura do SUS: depressão com prevalência entre 10% e 20% da população, dos quais 30% a 40% apresentavam algum transtorno resistente a medicamentos. "A depressão só aumenta", afirma João Paulo, "e os medicamentos têm muitas limitações. Precisamos de opções."

Um recurso alternativo para ajudar esses pacientes seria a eletroconvulsoterapia (ECT), um choque de alta voltagem na região das têmporas que leva a pessoa a perder a consciência, sob convulsão, e produz uma espécie de *reset* no cérebro, com resultados positivos em alguns casos de transtorno mental. Estigmatizada pelo uso abusivo no passado como instrumento de punição e mesmo de tortura, a terapia é ministrada hoje com um protocolo que inclui anestesia e relaxante muscular, assim como monitoramento cardíaco. Apesar de aceita pela psiquiatria como recurso para aliviar o sofrimento de grupos muito específicos de pacientes, até recentemente não era oferecida pelo SUS, deixando médicos como João Paulo e Emerson sem alternativa para tratar uma parcela considerável de seus doentes (só em 2019 o Ministério da Saúde autorizou a compra de aparelhos de ECT para uso no SUS). Em geral pobres, essas pessoas não têm como custear de oito a quinze sessões de ECT em clínicas privadas de Natal, ao custo de 1000 a 1500 reais cada.

No final do terceiro ano de residência em Ribeirão Preto, João Paulo havia sido convidado por Jaime Hallak a tocar um projeto sobre drogas experimentais para esquizofrenia. No meio do caminho, a pessoa então responsável pelo teste clínico aberto com ayahuasca para depressão precisou se afastar, e o médico do Rio Grande do Norte assumiu a coordenação. Embora não tenha acompanhado o estudo até o fim, pois passou no concurso para a UFRN e retornou a Natal em 2010 (assim como Dráulio), levava na bagagem o conhecimento em primeira mão sobre o efeito benéfico do chá nas pessoas deprimidas. O físico e o psiquiatra começaram a pensar modos de ampliar o estudo de Ribeirão, tanto para aumentar o número de participantes como para aperfeiçoá-lo, adotando a modalidade duplo-cego e incluindo a comparação com placebo. Entrava em gestação o primeiro estudo do mundo com a ambição de fazer um teste clínico completo com psicodélicos para depressão.

João Paulo avalia que ainda há muita resistência entre psiquiatras à hipótese de empregar compostos como DMT, psilocibina ou LSD para tratar transtornos mentais, mas também muito interesse. Um indicador disso está no fato de que seus trabalhos científicos sobre ayahuasca são mais citados por outros pesquisadores que aqueles centrados na esquizofrenia. Acha que os comitês de ética demoram muito a aprovar esse tipo de ensaio clínico, mas vê boas oportunidades em investigar como seria o efeito de doses múltiplas do chá (até aqui os estudos empregaram doses únicas) — embora a melhora da depressão permaneça por vários dias em participantes no estudo da UFRN, parece provável que um eventual tratamento com ayahuasca implique ingeri-la de tempos em tempos, com eficácia e periodicidade ainda por estabelecer em experimentos ampliados. Outra possibilidade de pesquisa em vista seria verificar se o daime pode ser benéfico também nos muitos casos em que a depressão se combina com outros transtornos de personalidade, mais difíceis de tratar.

"Estou torcendo para que descubram alguma coisa bem legal, melhor do que a gente tem hoje", concorre Zileide, a paciente que passou anos buscando meios de recuperar a vida que a depressão lhe tinha roubado. Ao fazer o balanço um tanto sóbrio de sua experiência com a ayahuasca, ela a resume, sem titubear, com uma palavra: "Esperança".

Força estranha

Roberto Sacramento (nome fictício) parece pacato, quase macambúzio, e enfrentou maus bocados na vida. O filho Francisco, traficante, foi assassinado com cinco tiros. Em 2000 morreu o pai, Sebastião, um ex-combatente briguento do Exército, cuja unidade guarneceu as praias do Rio Grande do Norte durante a Segunda Guerra Mundial. Cuidou do pai até o fim, inclusive limpando a bolsa de colostomia. Em 2014 foi a vez da mãe, que Roberto viu muitas vezes "como veio ao mundo" ao trocar-lhe as fraldas. Na infância, ele relata, ambos se uniam para surrá-lo, a mãe com o pé em seu pescoço enquanto o pai lhe descia o relho nas costas.

Aos 58 anos na época da entrevista, em fevereiro de 2019, o antigo auxiliar de caminhão de bebidas e ex-proprietário de uma pequena mercearia afirma que, nos anos recentes, sua vida era marcada pela depressão: chorava o tempo todo, não comia, não dormia. "Faz sete anos que não tenho uma relação. Não vou atrás. Vejo a mulher só de calcinha, mas isto aqui [aponta o órgão sexual] não existe. Não tenho tesão, não tenho nada", diz. "Tem dia que estou pior, mas não desconto em ninguém. Não me considero doido, só preciso de ajuda. Sinto aquela coisa entrando dentro de mim. Tem hora que dá vontade de me rasgar todo, sabe? Mas Deus é maior."

Seu relato sobre a sessão com a ayahuasca é um pouco confuso. Lembra que lhe deram o chá e o levaram para uma cadeira numa sala com jardim (na realidade, plantas de um painel fotográfico cobrindo a parede). Diz que só se lembrou de gente morta, o pai e a mãe, uns tios, e que não foi nada bom. "Saí cansado, pesado. Tire esse peso das minhas costas, meu Deus." A experiência melhorou um pouco quando pediu aos pesquisadores Fernanda e Dráulio para ouvir canções de Julio Iglesias. Veio à memória o irmão mais velho, Luís, que também já tinha morrido, e chorou muito. Conseguiu falar com o pai: "Gostava do senhor", repete com a voz embargada.

O chá não o ajudou, diz. Fez o efeito, trouxe recordações muito antigas, seu pensamento foi bater na África, "aquelas criancinhas todas passando fome". Apesar da avaliação negativa, confessa que pediu para voltar ao hospital e tomar o chá de novo. Pergunto se a vontade de retomar a experiência não tem a ver com a chance de conversar sobre coisas tristes, com terapeutas para ouvi-lo, língua e memória destravadas pela ayahuasca. Falar não ajuda? "Está eu mais o senhor aqui. Eu estou me sentindo feliz, porque estou participando de uma coisa com o senhor. Estamos conversando umas conversas sadias. Mas tem gente, numa roda de cinco, que só fala bobagem. Não gosto disso", diz. "Só ando só. Só, não — eu mais Deus."

A vivência de Roberto durante o teste clínico parece corroborar a convicção de Fernanda Palhano de que o simples fato de receber atenção e cuidados, em especial no caso de pacientes mais pobres e desassistidos, melhora a condição de pessoas deprimidas. Ou seja, haveria uma propensão maior para o efeito placebo, e de fato houve redução nos escores da escala de depressão em quatro dos quinze participantes do grupo de controle, que não tomaram o chá verdadeiro. A eles foi dada uma beberagem com ingredientes para torná-la marrom, amarga e azeda como a ayahuasca, e com sulfato de zinco para provocar leve mal-estar gastrointestinal, de modo a pelo menos deixá-los na dúvida quanto a ter recebido ou não sua dose de DMT.

O efeito placebo existe e representa uma pedra no sapato de quem estuda novos tratamentos, pois os pesquisadores têm de demonstrar estatisticamente que o efeito terapêutico da substância em teste suplanta de maneira significativa a melhora espontânea decorrente da expectativa do paciente e de sua interação com os profissionais de atendimento. Mesmo sendo inegável entre humanos, parece evidente que o efeito placebo não serviria de explicação para o fato de primatas submetidos à ayahuasca também apresentarem progresso significativo nos protocolos para avaliar um correlato da depressão nesses animais.

Nicole Leite Galvão-Coelho trabalhava com saguis (*Callithrix jacchus*) na UFRN antes de colaborar com o grupo do Instituto do Cérebro, mas não tinha experiência alguma — profissional ou pessoal — com ayahuasca. A fisiologista foi procurada por Bruno Lobão Soares, biofísico que se bandeou do IINN-ELS para a universidade potiguar e que tinha morado dois anos em Carajás e Parauapebas, no estado do Pará, onde frequentava cultos da União do Vegetal. A missão de Bruno era recrutá-la para investigar a bioquímica da depressão e o efeito do chá ritual sem a interferência de contextos culturais e interpessoais, que confundem os estudos com humanos.

A proposta era testar uma teoria neurobiológica da depressão, e para isso nada melhor do que o *C. jacchus*. Ainda se debate se a depressão pode ser considerada uma doença inflamatória, vale dizer, em que a inflamação do cérebro é uma condição necessária para o surgimento do transtorno mental, ou se ela unicamente ocorre de maneira concomitante com ele, ocasionada por fatores como estresse crônico, sono de má qualidade ou problemas cardíacos, e se contribui para agravá-lo. Qualquer que seja o elo entre inflamação e depressão, contudo, cresce o reconhecimento de que há relevância clínica.

Níveis de cortisol, o chamado hormônio do estresse, se reduzem quando o animal fica cronicamente estressado, o que pode ser monitorado pelas fezes dos saguis, como faz a equipe de Nicole, de modo a não perturbar ainda mais os primatas com retirada de sangue e, assim, confundir os resultados.

Saguis apresentam várias vantagens para esse tipo de pesquisa. Prolíficas, as fêmeas têm dois partos por ano e, em geral, dois filhotes por vez. Seu custo de manutenção em biotérios, comparado com o de outros primatas como macacos-rhesus, é baixo. Apesar do pequeno porte, menos de meio quilo de peso e vinte centímetros de altura, exibem fisiologia e anatomia semelhantes às de humanos. Além disso, a sociabilidade é mais complexa que a de ratos e camundongos, e alterações sutis podem ser quantificadas por meio de etogramas — listas de comportamentos observáveis como locomoção, ato de se coçar de modo estereotipado, diminuição de peso e anedonia (perda de prazer medida pela redução no consumo de sacarose). O estado de depressão, análogo a essa condição em pessoas, se obtém por meio de isolamento social, mas pode ser atenuado quando se dá ao bicho um antidepressivo como nortriptilina.[11]

Em seu estudo com o Instituto do Cérebro da UFRN, Nicole e Bruno ofereceram ayahuasca a um grupo de macaquinhos submetidos a isolamento e o antidepressivo nortriptilina a outro. Assim como no teste clínico com humanos realizado pelos colaboradores Fernanda e Dráulio, observou-se que os animais tratados com o chá tiveram melhora mais rápida e duradoura do que a obtida com o antidepressivo.

Os pesquisadores também acompanharam em humanos outro

biomarcador, o BDNF (de *brain-derived neurotrophic factor*, ou fator neurotrófico derivado do cérebro, ou ainda neurotrofina), cuja produção pode se encontrar reduzida em pacientes com depressão, em especial naqueles em que o transtorno mental se revela resistente ao tratamento com antidepressivos convencionais. O BDNF, proteína importante para a formação de novos neurônios e sinapses (processos batizados como neurogênese e neuroplasticidade), registra níveis menores quando o cérebro está inflamado, ou seja, quando o sistema imunológico está intensamente ativado. Essa inflamação pareada com uma baixa neuroplasticidade parece ser um componente da resistência ao tratamento com antidepressivos.

Apenas dois dias depois do início do tratamento, no grupo submetido à ayahuasca constataram-se níveis aumentados não só de cortisol, mas também de BDNF — ou seja, novas conexões nervosas estavam em formação. A indução de neuroplasticidade é, de resto, uma das hipóteses para explicar o efeito terapêutico de psicodélicos como ayahuasca em seres humanos: novos circuitos, memórias sendo reprocessadas ou criadas, abertura de janelas para romper o círculo de fixação dolorosa de ideias. Para retomar a analogia feita antes entre o cérebro e serviços de TV paga, as novas conexões entre neurônios equivaleriam a retomar o acesso perdido aos canais variados — comédia, romance e aventura, por exemplo, em vez de só drama, guerra e biografias sofridas.

Em julho de 2020, Nicole publicou um artigo científico[12] que encaixou mais uma peça no quebra-cabeças da neurobiologia da depressão. Era uma continuação da pesquisa em que colaborou com o grupo de Dráulio de Araújo e Fernanda Palhano, na qual, além de aplicar os questionários padronizados para medir sintomas, a equipe colheu amostras de sangue dos participantes antes do tratamento com ayahuasca e 48 horas depois. Ao analisar a PCR, uma proteína do fígado que tem produção aumentada em processos inflamatórios, ela demonstrou que, passados dois dias, a ayahuasca fora capaz de reduzir tanto os sintomas depressivos quanto esse biomarcador. Segundo a fisiologista, foi o primeiro estudo no mundo a apontar em seres humanos a ação anti-inflamatória de um psicodélico clássico. Antes isso só havia sido observado em modelos animais. Uma das hipóteses em investigação é que a inflamação presente em pessoas com depressão resistente a tratamentos seja influenciada pelos níveis de cortisol, hormônio que também participa da modulação da resposta inflamatória dos organismos. Com menos inflamação e mais BDNF, a neuroplasticidade aumentada multiplicaria conexões e tornaria o cérebro mais flexível, mais propício a romper o círculo de ruminações e ideias fixas que costumam acompanhar o transtorno.

"A planta professora leva você a pensar na sua vida, desbloqueia o que a gente varre para baixo do tapete", compara Bruno. "Não é substância de prazer, mas de aprendizado." O biofísico enxerga uma desvantagem no chá, entretanto, pelo fato de ele hoje ter de ser ministrado, ainda experimentalmente, em ambiente hospitalar controlado e com acompanhamento durante as várias horas de duração da Força. Ele se pergunta, por outro lado, se a avenida aberta pelos estudos psicodélicos não poderia conduzir à criação de medicamentos sintéticos com DMT e demais compostos nas combinações em que aparecem em outras plantas além do cipó-mariri e do arbusto chacrona usados na ayahuasca. Bruno já preparou um chá combinando jurema-preta (*Mimosa tenuiflora*), planta nordestina de consumo comum entre etnias indígenas da Zona da Mata, com arruda-da-síria (*Peganum harmala*) e conta que o efeito é parecido com o do daime, porém com mais impacto visual e menos vômitos, um notório efeito adverso da ayahuasca.

Para manter os pés no chão, Bruno elegeu como objetivo separar misticismo e ciência. Declara-se cético, no bom sentido de cautela científica, com o potencial farmacológico da ayahuasca.

"Não é panaceia, é autoconhecimento com sofrimento. Tudo isso pode ser estudado." Ele se refere às famigeradas "peias" (surras) que a ayahuasca pode induzir em frequentadores de seus cultos, experiências de sofrimento durante a Força, como reviver situações traumáticas ou reencontrar pessoas queridas mortas. Nicole, de sua parte, relata que a pesquisa com o Instituto do Cérebro ampliou os horizontes do laboratório: "Conseguimos estudar uma substância que induz o que faz o terapeuta. A ayahuasca consegue agrupar farmacologia com autoconhecimento".

Tecnologia ancestral

A ciência talvez nunca explique como nem por que ocorreu a antepassados dos povos indígenas sul-americanos combinar, por meio de cocção, o DMT das folhas da chacrona com as betacarbolinas do cipó-mariri macerado, produzindo assim o chá conhecido como ayahuasca, hoasca, daime ou yagé. Fato é que essa tecnologia ancestral, analisada com ferramentas da bioquímica e da neurociência, tem contribuído para abrir novas perspectivas para o tratamento da depressão — ou daquilo que psiquiatras definem como transtorno depressivo, a dolorosa condição caracterizada por pelo menos duas semanas de humor deprimido ou irritável e perda de interesse ou prazer, acompanhada também de outros sintomas como perda ou ganho de peso, distúrbios do sono, fadiga, baixa autoestima, sensação de culpa, desconcentração e pensamentos suicidas recorrentes. Ao longo da vida, 17% das pessoas podem experimentar essa forma grave do transtorno, em geral a partir da terceira década, das quais 20% a 25% de maneira crônica. Há duas mulheres para cada homem com depressão, e só metade dos doentes alcança remissão completa.[13] A OMS (Organização Mundial da Saúde) estima que perto de 300 milhões de pessoas sofram com a doença, e que cerca de 80% dos afetados de países de baixa ou média renda não têm acesso a tratamentos.[14]

É muito provável que a depressão acabe identificada como o mal do século 21. Afinal, não faltaram nestas duas décadas anomalias traumáticas para afetar populações inteiras e até a própria humanidade, como o caso da pandemia do novo coronavírus, Sars-CoV-2. Agravamento da crise climática, ressurgência do ódio político e ideológico, erosão da confiança no conhecimento objetivo e nos dados factuais como guias da vida pública, insegurança e intensificação do trabalho com a precarização — tudo parece contribuir para abalar nossa capacidade de fazer ou encontrar sentido na vida e seguir em frente.

Nossos cérebros recebem e processam sucessivos golpes utilizando a malha intricada de 86 bilhões de neurônios, em média,[15] que a evolução nos legou, entre os quais circula uma miríade de sinais químicos e elétricos cuja complexidade pode ser comparada com a imensa teia de relações ecológicas em funcionamento numa floresta tropical. Milhões de espécies como bactérias e algas, fungos, plantas — de minúsculos musgos a gigantes como ipês — e animais — de formigas e besouros a antas e onças — vivem e dependem umas das outras em equilíbrio dinâmico, vez ou outra alterado por eventos externos, alguns desastrosos, como vendavais e raios que derrubam uma árvore de grande porte. Assim como um trauma deixa marcas nos circuitos do cérebro, a queda abre uma clareira na mata, uma ferida que cabe ao tempo tratar: plantas oportunistas vicejarão no ambiente incomumente inundado de luz, certos tipos de animais serão atraídos pela oferta diferenciada de nutrientes, e, conforme as condições locais variem, novas comunidades de organismos se estabelecerão, num processo conhecido como sucessão florestal, que anos ou décadas depois reconstituirá a biodiversidade.

Experiências humanas dolorosas também podem acabar incorporadas ao acervo de memórias sem repercussões muito negativas na vida emocional, como uma clareira que se fecha na mata. Em alguns casos, contudo, seja pela intensidade ou pela repetição de traumas, o efeito pode ser devastador, dando origem a transtornos mentais como ansiedade e depressão. Na analogia ecológica, uma floresta encontra dificuldade de se recompor quando sofre seguidos golpes, como no caso da exploração predatória de madeireiros ilegais, abrindo múltiplas estradas e clareiras na mata para extrair as espécies mais valiosas, como mogno, cumaru e ipê. As áreas degradadas recebem luz em excesso, o capim se desenvolve onde antes cresciam árvores, a serrapilheira sobre o solo se resseca e o conjunto todo se torna mais inflamável, o que realimenta a deterioração, num círculo vicioso de perda de biodiversidade. Nos transtornos mentais, modifica-se o trânsito usual de informação entre redes de neurônios e rompe-se o equilíbrio das substâncias que eles mobilizam para interagir uns com os outros, os chamados neurotransmissores. Alguns têm seus níveis aumentados, e outros, diminuídos, o que pode contribuir para agravar a vulnerabilidade emocional, assim como as gramíneas que substituem espécies arbóreas tornam a floresta toda mais propensa a pegar fogo.

A teoria mais aceita para explicar a depressão em termos bioquímicos é a diminuição das monoaminas, uma classe de neurotransmissores e hormônios, em que se incluem a dopamina, a serotonina e a noradrenalina. A falta de serotonina parece desempenhar um papel destacado, dadas as múltiplas funções desse hormônio na regulação de humor, apetite, sono, memória e desejo sexual, como se na floresta neuronal escasseassem os insetos, aves e morcegos que garantem a polinização e o sustento do ciclo da vida. Observam-se também outras substâncias em concentração alterada, como o hormônio cortisol e a proteína

BDNF. Uma das áreas cerebrais mais afetadas é o hipocampo, que exerce funções na memória, no aprendizado e nas emoções e que diminui de volume nos pacientes deprimidos, com a perda sem substituição de células nervosas — clareiras sem meios de recomposição, em que nada mais consegue se regenerar.[16]

A primeira geração de medicamentos antidepressivos atuava para incrementar os níveis desses neurotransmissores, seja aumentando sua disponibilidade no cérebro (drogas tricíclicas), seja inibindo a ação de uma enzima que os degrada, a monoaminoxidase (MAO). Esses remédios, que tinham muitos efeitos adversos, foram seguidos pela leva dos inibidores seletivos de recaptação de serotonina (ISRS) como a fluoxetina e a paroxetina, mais específicos e seguros, porém ainda com impactos indesejáveis, como disfunções sexuais e problemas gastrointestinais. Além disso, mesmo essa classe mais avançada de substâncias só produz efeito terapêutico após cerca de duas semanas de tratamento e beneficia com remissões menos de 50% dos deprimidos. Mantém-se, portanto, a busca por tratamentos alternativos para o transtorno, algo capaz de acelerar e robustecer a restauração da ecologia mental.

O potencial antidepressivo da ayahuasca vem sendo pesquisado com base no papel de agonista serotonérgico do DMT presente na chacrona, o que equivale a dizer que a substância se liga aos mesmos receptores do neurotransmissor serotonina (como os da família 5-HT), desencadeando assim os mesmos efeitos nos neurônios dotados desses receptores. Algo como introduzir novos polinizadores na floresta, de modo a fortalecer o ciclo de regeneração. Além disso, a ação do chá é favorecida pela presença das betacarbolinas do cipó-mariri, que são potentes inibidoras da monoaminoxidase e, portanto, contribuem para manter elevados os níveis de serotonina e de DMT, evitando sua degradação no organismo todo (pense em guardas-florestais que impedem a caça de aves encarregadas da polinização). Sob esse efeito sinérgico, as características alterações sensoriais, cognitivas, afetivas e visuais da ayahuasca — que ocorrem sem perda de consciência nem da capacidade de se comunicar — começam entre vinte e quarenta minutos após a ingestão, atingem o pico por volta de uma a duas horas e desaparecem gradualmente após quatro horas.[17] Sem as betacarbolinas, a ingestão oral do DMT da chacrona seria metabolizada pela monoaminoxidase no trato intestinal e no fígado, deixando de produzir o estado psicodélico.

Pessoas sob influência do chá relatam a visão de imagens geométricas e cenas oníricas, com os olhos fechados, aumento de introspecção e até experiências místicas; podem acontecer também momentos transitórios de ansiedade e dissociação. Entre os impactos físicos comuns estão vômitos e diarreias, assim como discreto aumento da frequência cardíaca e da pressão arterial. Seu uso é seguro, sem risco conhecido de dependência ou overdose, uma vez que dezenas de milhares de pessoas afiliadas às religiões do daime tomam a bebida de maneira regular (duas vezes por mês, usualmente) e gozam de boa saúde física e mental. Só a União do Vegetal, um dos cultos da ayahuasca, distribui a cada ano cerca de 800 mil doses do chá em segurança.

Minicérebros

A ayahuasca ainda guarda segredos, entre os quais a harmina, uma das betacarbolinas do mariri. Um desses segredos começou a ser desvendado no laboratório de outro psiconauta, Stevens "Bitty" Rehen, do Instituto D'Or de Pesquisa e Ensino (IDOR) e da UFRJ. Bitty tomou a iniciativa de investigar seus efeitos com um modelo celular avançado para estudar o cérebro humano, os chamados organoides. Não é trivial, entretanto, criar esses minicérebros, como se tornaram conhecidos na imprensa leiga, termo diante do qual o pesquisador mantém certa reserva, uma vez que não se trata de miniaturas de cérebros humanos em toda a sua complexidade.

O ponto de partida são células presentes na pele ou na urina, descamadas do revestimento interno da bexiga. Depois de separadas do líquido excretado, certos genes são nelas ativados em laboratório para que revertam a um estado de indiferenciação — quando são chamadas de células-tronco — a partir do qual vários tipos de tecido humano podem ser cultivados. Há receitas estabelecidas para guiar o processo de diferenciação no sentido de obter, por exemplo, neurônios, adicionando ao meio de cultura uma sequência específica de compostos químicos. Em lugar do cultivo numa camada bidimensional sobre plaquetas de vidro, o banho com nutrientes e reagentes especiais acontece no interior de jarros continuamente agitados.

Nessas condições, o tecido cresce para formar aglomerados de células nervosas estruturados em três dimensões, os tais organoides. Apesar do tamanho medido em milímetros, começam a se desenvolver partes diferenciadas na pequena esfera, como um estrato análogo ao córtex cerebral (a camada externa em que ocorrem os neurônios e os pensamentos) e até uma mancha de células fotossensíveis que os cientistas acreditam ser precursora de um olho. O grupo do Rio de Janeiro emprega esses minicérebros para investigar várias coisas, como detalhes bioquímicos da ação destruidora do vírus da zika no desenvolvimento de tecidos nervosos de fetos, resultando na microcefalia.[18] Bitty conta nesses estudos com a colaboração do grupo do biólogo Daniel Martins de Souza, da Unicamp, para esmiuçar as proteínas produzidas por esses organoides enquanto crescem e se mantêm vivos, em quantidades maiores ou menores, traçando assim um perfil metabólico detalhado do que acontece com eles em determinadas situações experimentais.

A informação necessária para as células produzirem as proteínas de que necessitam se encontra nos genes, longos trechos de DNA contidos nos cromossomos. O conjunto de todos os genes de um organismo se chama genoma e pode ser comparado a uma biblioteca, cujos livros (os genes), entretanto, não são usados o tempo todo. Dependendo da área do corpo em que as células se encontram, elas se valerão somente dos genes com conteúdo pertinente para a função que precisam desempenhar em situações concretas, assim como um intelectual seleciona uma determinada bibliografia para cada obra que produz, e o conjunto de ideias resultante recebe o nome de proteoma (um grupo ou perfil específico de proteínas).

A equipe de Bitty embebeu as esferas de células com a harmina presente na ayahuasca para determinar o que mudaria na bibliografia genética normalmente utilizada por neurônios. Verificaram-se níveis alterados de mais de uma centena de proteínas, para mais ou para menos. O próximo passo foi descobrir, empregando as técnicas de análise proteômica do grupo da Unicamp, o que elas estariam provocando no organoide, um quebra-cabeças que exige a ajuda de programas de computador para ser montado. Cada proteína, como acontece com qualquer composto químico, passa imediatamente a interagir com as substâncias presentes na célula, outras proteínas e fatores que se modificam na sua presença, como dançarinos que levam seus companheiros a realizar certos movimentos predeterminados, que por sua vez modificarão as trajetórias dos demais parceiros, e assim por diante. Esse balé de proteínas segue coreografias chamadas de vias metabólicas, cascatas de reações bioquímicas que acontecem nas células para cumprir certas funções. Alimentado com informações sobre a identidade de cada um dos bailarinos presentes no palco e dos espetáculos de que costumam participar, programas de computador conseguem deduzir as coreografias em execução, ou seja, obter pistas sobre as funções em que as células estão empenhadas, no caso, sob efeito da harmina.

"Essa abordagem nos permitiu o mapeamento de centenas de novos alvos para a compreensão não somente dos efeitos da harmina sobre células neurais humanas, mas de seu eventual potencial terapêutico", disse Bitty em entrevista realizada em Londres, em agosto de 2019, durante a conferência psicodélica Breaking Convention, onde apresentou os resultados da pesquisa.

Já se sabia que a harmina modula a produção da enzima DYRK1A, um tipo de proteína que participa de cascatas bioquímicas patológicas resultantes na formação das placas responsáveis pela degeneração cerebral na doença de Alzheimer. A análise dos brasileiros confirmou e detalhou algumas vias metabólicas influenciadas pela harmina que participam da inibição dessa enzima DYRK1A e, portanto, têm potencial para combater a neurodegeneração do Alzheimer. O estudo é muito preliminar, alertava Bitty em reportagem publicada na *Folha de S.Paulo*: "Me preocuparia [se fosse tomado] como incentivo ao consumo do chá de ayahuasca como terapia alternativa para Alzheimer, o que obviamente seria leviano afirmar nesse momento".[19]

Em quatro décadas de jornalismo científico, um dos títulos que mais satisfação me trouxe havia saído também na *Folha de S.Paulo*, em 9 de outubro de 2017: "Cientista dá psicodélico para minicérebros, e eles gostam". Ficara feliz por dar uma formulação resumida, bem-humorada e algo misteriosa para a complexidade de outro estudo conduzido por Bitty. Não é sempre que se consegue escrever de maneira atraente sobre pesquisas tão complicadas, como se pode formar uma ideia pelo título do artigo científico resultante, que parece feito sob medida para repelir os leigos: "Mudanças de curto prazo no proteoma de organoides cerebrais humanos induzidas por 5-MeO-DMT".[20] (O 5-metóxi-N,N-dimetil-triptamina, 5-MeO-DMT, composto psicodélico obtido do sapo *Incilius alvarius*, apareceu anteriormente como um dos objetos de desejo científico de Dráulio de Araújo.)

A proposta, neste caso, era comparar o conjunto das proteínas normalmente secretadas nos organoides com aquele apresentado por eles depois de submetidos ao 5-MeO-DMT. Assim como o DMT da ayahuasca, essa triptamina possui afinidade com os receptores 5-HT2A na membrana de células nervosas encontrados em maior abundância no córtex pré-frontal, onde se processam pensamentos complexos, e também em áreas de processamento visual. No funcionamento normal do cérebro, o 5-HT2A é um receptor para a serotonina. Como todo neurotransmissor, sua função é levar sinais de uma célula nervosa para outra: ao se ligar no receptor, a serotonina atua como um comando para o neurônio a jusante ativar certas vias metabólicas, ou seja, cascatas de proteínas decisivas para funções específicas de regulação.

Levantar as alterações no perfil de proteínas produzidas pelos minicérebros sob influência do 5-MeO-DMT, a exemplo do que se descobriu no caso da harmina, pode fornecer pistas importantes para conhecer quais funções são moduladas por esse composto psicodélico. Ao cotejar organoides tratados com os minicérebros abstêmios, por assim dizer, os pesquisadores do IDOR e da Unicamp chegaram a uma lista de 934 proteínas que apareciam em quantidades diferentes nos minicérebros submetidos ao psicodélico. Constatou-se que o perfil diferenciado induzido pelo 5-MeO-DMT mantém relações com cascatas de proteínas associadas a efeitos anti-inflamatórios, formação de sinapses, memória e aprendizado (potenciação de longo prazo, no linguajar dos neurocientistas).[21]

Inflamação e neuroplasticidade estão no centro das vias metabólicas afetadas pelo psicodélico aparentado com o DMT da ayahuasca. Se minicérebros tivessem capacidade de se deprimir, o 5-MeO-DMT do sapo poderia ser utilizada para tratá-los, no sentido terapêutico da palavra. Dimetiltriptaminas funcionariam para eles assim como o DMT da ayahuasca funcionou para os saguis de Nicole Leite Galvão-Coelho e Bruno Lobão Soares, e muito provavelmente também para Roberto Sacramento se lembrar do pai Sebastião e do irmão Luís, chorar por eles e ter vontade de voltar ao Hospital Universitário Onofre Lopes para tomar o chá de novo, repetindo o experimento de que participara na UFRN — isso, claro, se foi de fato ayahuasca que ele tomou na sessão, pois um dos pesquisadores me segredou que um dos três pacientes entrevistados estava no grupo do placebo (que pode ter um efeito poderoso, como se verá no terceiro capítulo, sobre LSD).

Vegetal do amor

Embora tenha obtido fama mundial pela expansão de cultos esotéricos urbanos, a ayahuasca já era usada por pelo menos setenta etnias indígenas que empregam preparados da chacrona com o cipó-mariri na região noroeste da Amazônia, entre Brasil e Peru. No Peru, essa tradição sobreviveu em práticas xamânicas e rituais de medicina natural que atraem visitantes de outros países em busca de curas e de experiências transcendentais. No Brasil, as levas de migração, sobretudo do Nordeste para o Norte, para extração da seiva de seringueiras e fabricação de borracha permitiram que populações não indígenas recebessem dos povos locais o conhecimento e a técnica de produção do chá.

O primeiro culto institucionalizado da ayahuasca a se estabelecer no Brasil foi o Santo Daime, fundado nos anos 1930 em Rio Branco, no Acre, por Raimundo Irineu Serra, o Mestre Irineu. Nascido no Maranhão em 1892, filho de um escravizado liberto e de uma católica devota, Irineu partiu em 1911 para a Amazônia atraído pela febre da borracha. Fixou-se no recém-conquistado território do Acre, antes pertencente à Bolívia, onde por volta de 1914 teve o primeiro contato com a ayahuasca, provavelmente por meio de um xamã peruano. Tornou-se adepto do chá, ao qual se atribuem propriedades enteogênicas (algo como "manifestador do divino interior"), descrito no site da religião que fundou como capaz de produzir "uma expansão de consciência responsável pela experiência de contato com o plano espiritual, através do encontro interior com o nosso Eu Verdadeiro".[22]

Sob efeito da bebida, o seringueiro começou a receber ensinamentos de uma entidade identificada como Nossa Senhora da Conceição, também chamada por ele de Rainha da Floresta, que lhe aparecia em visões como uma mulher de nome Clara em suas andanças pela mata na região de Brasileia (AC). Os ensinamentos vinham na forma de hinos em que se mesclam elementos de catolicismo popular, espiritismo kardecista, religiões africanas, xamanismo caboclo e mitos ameríndios (com os quais Irineu deve ter travado contato quando integrou a Comissão de Limites que fixou a fronteira nacional na região). O próprio chá, preparado com duas plantas — o cipó-mariri ou jagube e o arbusto chacrona —, por ele batizado de Santo Daime, é venerado como divindade. A Doutrina da Floresta, inspirada por ele, se apresenta como "uma nova leitura dos Evangelhos à luz do sacramento enteogênico, para afirmar, nos tempos de hoje, os mesmos princípios de Amor, Caridade e Fraternidade".

O grupo de amigos que bebia o chá cresceu paulatinamente até se tornar um culto organizado em 1931, em Vila Ivonete.[23] A fama de curador, rezador e orientador espiritual passou a atrair famílias inteiras, formando comunidades separadas. As cerimônias se ritualizaram, os cânticos recebidos por Mestre Irineu foram reunidos nos hinários Cruzeiro e Cruzeirinho, a preparação do chá ganhou regras rígidas, e os adeptos passaram a usar fardas brancas no culto. Nascia uma nova religião, estigmatizada e perseguida de início, mas que se espalharia pelo novo território nas imediações de Rio Branco.

Essa linhagem pioneira do Santo Daime, conhecida como Alto Santo, permaneceu centrada no Acre, com foco no Centro de Iluminação Cristã Luz Universal (Ciclu), liderado pela viúva de Mestre Irineu, Madrinha Peregrina Gomes Serra. Dela derivou o Centro Eclético da Fluente Luz Universal Raimundo Irineu Serra (Cefluris), baseado na comunidade Céu do Mapiá, no estado do Amazonas, que se espalharia por grandes cidades do país e ganharia um número de adeptos bem maior nos anos 1980, e que segue a doutrina formulada por Sebastião Mota de Melo, o Padrinho Sebastião, não reconhecida pelo Alto Santo.[24] Também derivou daí a Barquinha, ou Centro Espírita e Culto de Oração Casa de Jesus Fonte de Luz, fundada no ano de 1945, em Rio Branco, por Daniel Pereira de Matos, iniciado na ayahuasca por Mestre Irineu. Por fim, em 1961, o seringueiro José Gabriel da Costa, Mestre Gabriel, criou a União do Vegetal (UDV) em Porto Velho, no estado de Rondônia.

A UDV e o Santo Daime, na vertente Cefluris, se expandiram muito, no Brasil e fora, quando começaram a atrair adeptos de classes médias urbanas. O Cefluris tem várias dezenas de igrejas afiliadas no Brasil e representações em duas dezenas de países, como Estados Unidos, México, Canadá, Holanda e Espanha. Está até mesmo na Ásia e na África. A UDV conta com cerca de 21 mil associados espalhados por 220 sedes em território nacional e por dez países das Américas, da Europa e da Oceania, que rateiam entre si, mensalmente, as despesas de cada núcleo e do preparo do chá (só contribuem os que declaram dispor de meios financeiros para tanto).

O Centro Espírita Beneficente União do Vegetal, terceira das grandes igrejas da ayahuasca a ser fundada, depois do Santo

Daime e da Barquinha, teve papel crucial na institucionalização do direito ao uso religioso dessa bebida psicodélica. O fato de contar com estudos de base científica sobre farmacologia e segurança da hoasca e da "burracheira", como chamam respectivamente o chá e seu efeito, deu aos líderes da UDV um papel de destaque no processo legal iniciado em 1985, quando a Divisão de Medicamentos do Ministério da Saúde, antecessora da Anvisa (Agência Nacional de Vigilância Sanitária), incluiu a ayahuasca e as plantas com que é produzida no rol de substâncias proscritas no Brasil. A UDV suspendeu o uso do chá por dois meses e requisitou ao então Conselho Federal de Entorpecentes (rebatizado como Conselho Nacional de Políticas sobre Drogas, Conad) que se pronunciasse pela liberação, alegando não haver estudos para fundamentar a decisão de banimento. Formou-se um grupo de trabalho, que acabou por dar parecer favorável ao uso religioso da bebida. O consumo ritual do chá permaneceu, entretanto, cercado de insegurança jurídica até 2004, quando o Conad o permitiu em definitivo.[25] Dois anos depois, a lei nº 11 343 autorizaria plantio, colheita e preparo das plantas em contexto religioso, o que beneficiaria também o Santo Daime, a Barquinha e outros grupos menores.

Alguns adeptos da ayahuasca costumam dizer que se devem dar três chances para o chá. Minha primeira oportunidade pessoal para a bebida se deu em 24 de novembro de 2018. Estava na companhia de uma dezena de pessoas, das quais conhecia anteriormente só Bruno Gomes, morador da casinha aconchegante num bairro de ruas tortuosas da zona oeste de São Paulo, à qual tinha chegado às 19h para que me explicasse como seria o encontro daquela noite. Além dele só estava na casa Antenor (nome fictício), um profissional de tecnologia da informação de olhos muito vivos, que tomava ayahuasca com Bruno havia quinze anos. Ambos me explicaram o básico do ritual de concentração do Santo Daime enquanto arrumavam a sala e um pequeno altar para a cerimônia, que começaria às oito e meia.

Nesse tipo de encontro, afora as orações cristãs e os hinos daimistas na abertura e ao final, predomina o silêncio. Várias cadeiras brancas de plástico se espalhavam entre o pequeno altar com imagens de Mestre Irineu e do Padrinho Sebastião, flores, água e vela acesa, um *futon* de dois lugares e a poltrona de onde Bruno comandava o ritual. Os baldes pelo chão serviriam depois para socorrer as duas pessoas que vomitaram várias vezes. Ninguém parecia se incomodar ou se preocupar com as purgações, que só despertavam gestos rápidos e precisos nos donos da casa para limpar respingos e substituir baldes sujos.

Sob efeito da ayahuasca, aquilo tudo também foi percebido por mim como normal. Comecei a sentir a Força, durante a qual se rebaixa notavelmente o impulso de emitir juízos sobre situações e pessoas. É uma sensação poderosa. Instalou-se entre o cérebro e o peito talvez uns vinte minutos depois que ingeri a beberagem a que os presentes se referiam como mel — espesso, adocicado e de um amargor vegetal desconhecido. Foi logo após o fim da primeira leva de orações e hinos. Sua manifestação inicial pode ter sido a indiferença inédita quanto a entoar ou não os hinos religiosos simplórios (alguns de melodia belíssima), cujas letras podia ler em hinários com capa de plástico e encadernação espiral, nas quais não faltam invocações a Jesus, Maria e José, além de Oxum e da "planta professora". Os pai-nossos e ave-marias, eu tinha acompanhado de cabeça baixa e lábios mudos, mas não houve incômodo ou resistência a entoar os versos repetitivos que falam de paz, amor, luz, firmeza, primor, mestres e ensinamentos.

Bruno havia recomendado acompanhar os hinos como forma de me manter numa trilha, sem perder completamente a noção de transcurso do tempo. Quando a música cessou, as luminárias foram apagadas e restou só a luz de uma vela. Finalmente percebi o quanto já entrara num estado alterado de consciência. À frente, via um tapete artesanal de retalhos, desses que se usavam junto da pia da cozinha em casas antigas, com listras de cores fortes, mas havia algo de errado com ele: tive a impressão de que algumas faixas se moviam ligeiramente, ou pulsavam. Algo inquieto, fechei os olhos — e o mergulho começou para valer.

Uma vibração na mandíbula e no tórax, quase um tremor, se espalhava em ondas para os braços e queria chegar às pernas. No trajeto, produzia ondulações sentidas como se a carne pulsasse, a caminho de se tornar gelatinosa, quem sabe derreter. A sensação tinha algo de alarmante, e pela primeira vez abri os olhos para interromper aquela marcha. Voltaria a fazê-lo várias vezes durante a noite, mas sempre retornava o desejo de fechar as pálpebras. Aos poucos começaram a aparecer no campo de visão, apesar dos olhos cerrados, linhas e pontos de luz colorida que formavam padrões geométricos, grafismos sutis, como se fossem painéis vistos a longa distância. Nada comparável, decerto, às mirações feéricas que meus acompanhantes descreveriam, encerrado o ritual.

A visão e a audição estavam aguçadas. De olhos fechados podia perceber o fremir da vela, ou quando uma pessoa passava na frente da chama. Abrindo as pálpebras, sua luz era intensa, destacada. Escutava com a nitidez de uma sala de cinema IMAX a chuva e o vento nas palmeiras e na jabuticabeira do quintal, a música longínqua de uma festa ou casa noturna, o ruído das unhas de uma cachorrinha no assoalho e as respirações marcadas por suspiros profundos dos companheiros de sessão. Suava de forma copiosa, ou pelo menos imaginei que suava, mas não tive nenhum dos fortes sintomas gástricos que com frequência acompanham a ingestão da ayahuasca.

A sensação de derretimento iminente passou, dando lugar a uma viagem mais agradável e relaxada. Sentia muito sono, bocejava e lacrimejava seguidamente. Estiquei-me como pude na cadeira de plástico, e a cabeça apoiada no parapeito da janela incomodava bastante. Após muito relutar pedi uma almofada para apoiá-la. Apesar do isolamento geral, sentia-me bem acolhido pelo grupo e por todos, individualmente, como se fosse palpável o propósito firme de cada um, ali, em cuidar dos outros e colaborar para sua "cura", como algo sussurrado mentalmente no silêncio dominante. Creio que seja o que os praticantes chamam de conexão com o coletivo, ou amor.

Senti então uma urgência de tirar os óculos. Em meio ao decréscimo paulatino da Força, provável efeito da metabolização progressiva do DMT, a urgência veio acompanhada de raciocínios curiosos. Dizia-me que era imperioso prescindir das lentes para enxergar o mundo como ele de fato é, ou seja, de um ponto de vista único e sujeito às distorções impostas pelas deformações de meu globo ocular. Ouvi uma frase dentro de mim: "Você sempre se escondeu por trás desses óculos". Com efeito, uso-os desde os oito anos, e eles se tornaram o emblema da imagem que carrego: pessoa séria, minuciosa, intelectual, introspectiva, racional. Tirar a prótese para que todos pudessem ver meus olhos como eles são e enxergam (embora a maioria estivesse com os seus fechados) surgiu como o correlato natural, naquela lógica alterada pela ayahuasca, de aceitar cantar os hinos mesmo sem acreditar em nada do que de religioso implicam.

Meu relógio parou quando faltavam dezessete segundos para 0h04 do dia 25. Eu tinha sido avisado antes de que o chá poderia causar forte distorção da percepção da passagem do tempo, e me convenci por largo intervalo — em meio a sensações fortes, arrebatadoras — de que isso explicaria a aparente imobilidade dos ponteiros. Ficou evidente que, de fato, muito mais tempo havia passado só quando verifiquei o horário no celular — já era 1h52. Interiormente, ri de mim mesmo e de perder-me nesse meandro de convicções disparatadas.

Não sei bem a que horas Bruno se levantou e anunciou que faria o fechamento da sessão. Dezenas de hinos foram entoados, parecia que não terminariam nunca, o que não chegava a me incomodar. "Agora vamos conversar, comer alguma coisa", anunciou o condutor, oferecendo uma sopa de abóbora japonesa com gengibre e dando por terminado o trabalho — no meu caso, apesar de toda a camaradagem e do bem-estar profundo sentido na maior parte do tempo, pouca coisa mereceria essa qualificação, uma vez que não tinha passado por uma experiência profundamente laboriosa ou perturbadora, em termos emocionais e psicológicos, como parecia ter acontecido com parte dos presentes. Alguns hinos que falavam de santas e plantas como mães trouxeram à mente a minha, Edith, morta vinte anos antes, com quem tive uma relação difícil, mas com amor devotado de minha parte, quase uma paixão na infância, além de certa recusa na juventude; ao me lembrar dela, nas garras da Força, foi com carinho e aceitação, um tanto ao estilo dos versos do hino que falava em "compreender e suportar seus irmãos".

Tudo que aflorou foram sentimentos bons, um contentamento com esta fase mais serena da vida, com o amor calmo por minha mulher, Claudia, um prazer tranquilo de ver netos e filhas bem, como se pode estar bem neste momento do mundo e do Brasil. Não topei com nenhum fantasma poderoso de meu inconsciente, nem com mágoas doloridas ou frustrações gritantes, só uma sensação de desimportância das coisas que tanto me afligiam no passado. A questão a que não saberia responder: se o caráter em geral benigno da minha primeira experiência com ayahuasca se deveu a uma real ausência de espectros problemáticos ou a alguma resistência a me entregar à dita Força, sempre abrindo os olhos e me reconectando com a realidade externa quando sentia que resvalava para outro plano.

Percebi que, já quase inteiramente sóbrio e alimentado, estava entrando no que em círculos psicodélicos se chama de *afterglow*, sensações e pensamentos bons que perduram alguns dias após o uso de psicodélicos. Entre uma conversa e outra, saí para o quintal — tinha parado de chover, e vi a Lua quase cheia por entre as nuvens, o que me fez sorrir, em paz. Mais de trinta horas depois, quando escrevia este relato, o lusco-fusco mental e pacífico ainda estava presente. Na manhã seguinte, ao narrar longamente para minha mulher o que havia passado, emocionei-me quase às lágrimas ao falar de como ela e nossos netos e filhas me preenchem, me compreendem e, por que não, me suportam. E as lágrimas de fato escorreram, disfarçadamente, quando à noite assisti ao balé *Peter Pan*, em que minha neta mais velha, então com seis anos, se apresentou num delicado tutu de tule azul-claro. Foi pura alegria ver tantas meninas e professoras empenhadas em produzir e alcançar beleza, com um grau de disciplina, dedicação e firmeza que não se encontra entre adultos nos palácios de Brasília. Ficou mais uma vez evidente que, mesmo num mundo imperfeito e propenso ao sofrimento, desde cedo as pessoas — as crianças — querem mesmo é brilhar. E só depois se perdem.

Sagrado

Psicólogo formado pela Universidade Presbiteriana Mackenzie, Bruno Gomes sempre se considerou uma pessoa racional, científica e descrente, "meio ateu". Lia Jean-Paul Sartre, Stephen Hawking, Carl Sagan. Não pensava em trabalhar com drogas, um tema marcado por dificuldades com a família na adolescência, quando usou maconha e LSD e acabou detido pela polícia. Na faculdade tradicional e conservadora, não havia espaço para essa discussão, mas ao buscar o estágio requisitado para se formar, ficou sabendo de um trabalho social com dependentes químicos na cracolândia da região central de São Paulo, no Centro de Convivência É de Lei. Começou a estudar o assunto, de início achando exagerada a carga moral que o cercava, uma postura que estigmatizava o "drogado", e se dedicou a entender melhor a proposta de redução de danos praticada na organização. Começou a trabalhar na ONG em 2004 e mergulhou de cabeça na cracolândia, começando como estagiário e chegando a ser presidente, cargo que ocupou por cinco anos.

Antes, por volta de 2003, tinha tomado ayahuasca pela primeira vez, com um amigo dos tempos de faculdade, por curiosidade. Teve uma experiência muito significativa no centro Céu de Maria, criado pelo cartunista Glauco Villas Boas. Lembra ter ficado muito incomodado com toda a ênfase do Santo Daime em Jesus, Maria e José, um estranhamento muito grande com o aspecto religioso ao mesmo tempo que mergulhava em reflexões importantes sobre sua vida. O incômodo fez com que buscasse outros locais para tomar o chá, iniciando uma caminhada paralela à do trabalho social da cracolândia, trilhas que se juntariam mais à frente.

Depois de viajar à Amazônia para conhecer o local de origem do culto, no Acre, continuou tomando a ayahuasca em São Paulo num grupo que se separara da União do Vegetal. Ao ler a tese de mestrado de Bia Labate sobre outros usos do daime em contexto urbano, ficou sabendo de um grupo que usava o chá para trabalhar com população de rua, liderado por Walter de Luca, que se tornaria seu mentor. Acabou por dedicar o próprio mestrado[26] ao atendimento realizado por Walter na Unidade de Resgate Flor das Águas Padrinho Sebastião. "A rua e a droga estão muito ligadas, fazem parte da sociabilidade da situação de rua, álcool, maconha, solventes, crack." Além do daime, conhecido pela baixa incidência de alcoolismo entre seus adeptos, usavam-se ali plantas para fazer a "purga", por meio de vômitos, limpeza intestinal e dietas, em geral num sítio em São Lourenço da Serra (SP). Bruno passou pelo processo todo com Walter e o aprovou, chegando a levar algumas pessoas da ONG É de Lei para fazer o tratamento.

Com a deterioração da saúde do mentor, que viria a morrer em 2013, o psicólogo o substituiu na celebração das cerimônias com o daime e, quando o sítio ficou indisponível em 2015, passou a fazer os rituais em casa, não mais voltados para a população de rua. A partir daí, concentrou o trabalho como psicólogo no atendimento de dependentes químicos, mas não com recurso à ayahuasca. Associou-se com o médico Bruno Rasmussen Chaves para trabalhar com ibogaína (tema do quarto capítulo) e fazer o acompanhamento psicológico de seus pacientes.

Seu contato com a ayahuasca foi transformador. Não se considera mais ateu, mas uma pessoa religiosa, ainda que com uma compreensão muito peculiar, compatível com a mentalidade científica. "O acaso pode ser só mais um nome dado para o mistério, como Deus também pode ser só mais um nome para o mistério, para o que não se sabe, a vastidão de mistério que há em volta da gente", diz. O chá lhe deu um entendimento do que pode ser o divino, o sagrado, e o fez pensar melhor sobre sua vida, sobre as relações familiares. Conta que realiza os rituais e canta com gosto para Jesus, Maria e José, como de fato testemunhei na sessão de concentração em sua casa. Bruno tem fé no chá:

> O daime, a ayahuasca, é uma forma de se relacionar com o todo e de ver a sacralidade, de enxergar o quanto tudo é sagrado. Você pequenininho se relacionando com essa vastidão imensa desconhecida, pedindo coisas para ela. Tomando o chá a gente entra nesse universo, vê e escuta coisas dele, são experiências com uma

noção de verdade e de sagrado. Uma coisa que é verdade e que é metáfora ao mesmo tempo. A pessoa vê a Virgem Maria, é verdade, e o que ela fala é um conhecimento muito verdadeiro, que ajuda a pessoa na vida dela, dá força, dá sentido na vida, tem um impacto concreto, mas ao mesmo tempo é um sonho. É verdade e não é. Um risco do surto com ayahuasca e com psicodélicos é quando a pessoa mistura, acha que é Jesus mesmo, e que vai salvar o mundo.

Numa de suas blagues preferidas, Luís Fernando Tófoli, psiquiatra da Unicamp, costuma dizer que foi durante anos coordenador daquele que é provavelmente o único departamento de saúde mental de uma religião, a União do Vegetal, que frequentou por uma década, de 2003 a 2013. O interesse por psicodélicos, entretanto, aconteceu bem antes de tomar ayahuasca pela primeira vez, movido por curiosidade intelectual e científica.

Antes disso, nem loló (lança-perfume) aceitava cheirar com os amigos no carnaval. Morando no Ceará, gostava de programação de computadores e, em 1988, aos dezesseis anos, um professor do ensino médio o convidou para apresentar um trabalho numa mostra de biologia durante reunião anual da SBPC (Sociedade Brasileira para o Progresso da Ciência). Tófoli viajou de ônibus para São Paulo, onde enfrentou frio de quatro graus, para mostrar um programinha de nutrição. Durante a reunião, viu à venda um livro de Frederico Graeff, *Drogas psicotrópicas e seu modo de ação*, que comprou e leu com avidez. O rigor científico da obra era diferente da literatura alarmista sobre drogas com a qual ele tinha travado contato durante o ensino médio. Tratava as drogas psicotrópicas como devem fazer os psicofarmacologistas, de forma desapaixonada, indicando, por exemplo, os riscos de substâncias como cocaína e heroína. Porém, ao tratar de psicodélicos, esclarecia que o risco era baixo e os efeitos, interessantíssimos. A leitura levou Tófoli a decidir que algum dia os experimentaria.

Alguns anos depois, durante o curso de medicina na Universidade de São Paulo, teve algumas oportunidades, na forma de *blotters* (cartela de papel tipo mata-borrão embebido com LSD) e "cogumelos mágicos". Para ele, os psicodélicos proporcionam uma experiência transcendental, não no sentido de êxtase religioso, mas de sentir a aproximação do infinito, como que mergulhado numa realidade fractal. "Os psicodélicos me lembram [a literatura de Jorge Luis] Borges", descreveu numa entrevista, em dezembro de 2019. Assim desenvolveu respeito por essas substâncias, vendo-as como ferramenta de autoconhecimento.

Mais tarde, durante período de dois anos de internato médico, teve a oportunidade de experimentar a ayahuasca. Durante a rotação entre especialidades que caracteriza o internato, passou pelo serviço de psiquiatria. Lembrando-se de que, na bula do LSD, quando essa substância ainda era legalizada, o seu uso era indicado para que psiquiatras pudessem ter insights sobre a loucura, resolveu enfrentar uma experiência em primeira pessoa. Através do contato de um colega estudante de medicina foi parar em uma igreja do daime chamada Flor das Águas, um núcleo pioneiro do Santo Daime em terras paulistas, local que anos depois abrigaria a unidade de resgate onde trabalhou Bruno Gomes. "No segundo despacho [porção do chá], o troço chegou", conta. Entre várias mirações, reviveu uma cena real apavorante passada no Egito, para onde viajara sozinho em 1994, num périplo mochileiro que o levou também a Israel e à Inglaterra. Então com 22 anos, tinha atravessado a pé o templo de Hatshepsut, a rainha-faraó do Antigo Egito, por um caminho mais curto, escalando rochas. Acabou escorregando e, desequilibrado, conseguiu firmar a mão no último segundo antes de cair no abismo, uma queda com grande risco de se provar mortal. Reviver a experiência sob efeito da ayahuasca foi impressionante, conta: "Nos dias seguintes [à sessão do daime], sempre me sentia muito bem. Uma sensação de que a vida era maravilhosa", relembra.

Fazer pesquisa com psicodélicos, entretanto, ainda estava fora de cogitação. Decidiu-se pela residência em psiquiatria e por trabalhar no setor de saúde pública, primeiro em São Paulo e, a partir de 2002, em Sobral, Ceará, que contava com boa rede de atendimento social. A cidade fechara seu manicômio dois anos antes e estava abrindo um curso de medicina, do qual Tófoli se tornou professor. Foi um ano difícil, de adaptação problemática às rotinas administrativas. Ele encontrou certo alívio terapêutico a partir de 2003, em sessões quinzenais da UDV num núcleo próximo de Jordão, distrito de Sobral. Nos dez anos subsequentes se tornaria conselheiro da religião, um degrau acima dos sócios e um abaixo dos mestres, e coordenador de saúde mental da organização, que se distingue por ter um Departamento Médico e Científico (Demec) criado em 1986.[27]

O primeiro trabalho científico publicado por Tófoli sobre ayahuasca decorreu justamente desse envolvimento com o departamento da UDV, que na década de 1990 montou um sistema de monitoramento de possíveis surtos psicóticos associados ao consumo do chá. Analisando os casos reportados no período de 1994 a 2007 pelos registros escrupulosos da União do Vegetal, especialistas como ele e Francisco Assis de Sousa Lima concluíram que aconteceram apenas catorze surtos em meio a 1,5 milhão de doses de ayahuasca servidas pela UDV nesse intervalo de tempo, uma incidência ainda menor do que a frequência média esperada da população brasileira, com 18 a 23 casos. A conclusão do artigo foi pela segurança do uso do chá, embora ressalvando a necessidade de estudos epidemiológicos mais rigorosos, sobretudo para aquilatar os riscos de ingestão de ayahuasca concomitante ao uso de medicamentos antidepressivos como os que agem sobre o metabolismo de serotonina.[28]

Na mesma época desse trabalho, o psiquiatra ajudou a organizar, por iniciativa do Demec, um evento para o qual convidou Dráulio de Araújo, envolvido com Sidarta Ribeiro em estudos sobre o daime na USP de Ribeirão Preto, e Jordi Riba (1968-2020), renomado pesquisador catalão da ayahuasca. Tófoli ainda se considerava mais um médico militante no movimento antimanicomial, mas o contato com os dois psiconautas daria início a uma colaboração que resultou, sete anos depois, na publicação do teste clínico pioneiro com ayahuasca para combater depressão que abre este capítulo, no qual aparece como coautor de Dráulio. Stevens Rehen, o Bitty, ele conheceria em 2013 na conferência Psychedelic Science, de Oakland. Nesse mesmo ano deixou o Ceará e a UDV, assumindo uma vaga de professor concursado na Unicamp.

"Começavam a surgir testes clínicos em todo lugar", conta, sobre a guinada dada na carreira, a partir de então orientada para estudos controlados com psicodélicos, da ayahuasca ao LSD.

Segunda chance

Em 8 de fevereiro de 2020, o jornalista Jocimar Nastari, conselheiro da União do Vegetal, e o engenheiro e astrólogo Mauricio Bernis, mestre da igreja, me buscaram em casa às quinze para as quatro da tarde. Seguimos para Mairiporã pela rodovia Fernão Dias e chegamos às dez para as cinco ao portão de ferro azul do sítio onde ficam três núcleos da UDV, dois dos quais visitei: São João Batista e Menino Galante. A parada inicial foi no primeiro núcleo, para que eu visse a confecção do chá hoasca, que só se prepara em dias de lua nova ou cheia. Um grupo de oito voluntários e um mestre de preparo estavam trabalhando havia umas vinte horas para processar 262 quilos do cipó-mariri e uns quatro quilos de folhas de chacrona para obter de cinquenta a sessenta litros do líquido, em seis panelões sobre a fornalha subterrânea. Dali seguimos ao templo do outro núcleo, onde teria lugar a chamada sessão de adventícios, a cerimônia para novatos na UDV.

Entramos às dez para as seis no salão do Menino Galante (depois, já durante a sessão, uma "chamada", nome dado às invocações entoadas pelo mestre condutor da cerimônia, deixaria claro que o nome se refere ao Menino Jesus). Havia poltronas com espaldar alto e estrutura de ferro, assentos e encosto de fios de plástico amarelo. Há espaço para cerca de oitenta pessoas sentadas, mas não passávamos de trinta, a maioria de associados da UDV e uns oito ou nove adventícios como eu. Ao fundo havia uma mesa com variedades de "limpa-gosto" (balas de goma e de menta), cravos para cheirar em caso de enjoo, biscoitos e água. Todos os homens usavam calças e sapatos brancos, e as camisas do uniforme com a sigla UDV bordada no bolso variavam entre verde (conselheiros, instrutores e associados do sexo masculino e feminino) e azul (mestres, só homens). As mulheres vestiam calças de cor laranja.

Na parte da frente do salão, uma espécie de altar simples: mesa comprida com quatro cadeiras para conselheiros e, na cabeceira, poltrona estofada para Mauricio, meu anfitrião e mestre que conduziria a celebração. Enquadrando a figura do mestre, um arco amarelo com o dístico "Estrela Divina UDV Universal" escrito em verde. Na parede do fundo, o lema "Luz, Paz, Amor" e uma fotografia de Mestre Gabriel. Além do microfone à frente de Mauricio, à sua direita havia uma vasilha transparente com tampa de madeira e uns cinco litros do chá marrom.

A primeira providência, antes da sessão, havia sido a entrevista obrigatória do adventício com o mestre. Ele perguntou se tinha problemas de saúde ou psiquiátricos, se era casado, se usava drogas, se estava bem para participar da sessão, que remédios tomava regularmente, se já havia experimentado "o vegetal". Respondi com sinceridade a tudo, uma forma de corresponder à hospitalidade que todos demonstraram ali, apresentando-se e dando as boas-vindas a cada encontro.

*

Cumprida a formalidade, a sessão começou pontualmente às seis. Mauricio explicou como seria a cerimônia, que duraria até as dez. Primeiro receberiam o chá os associados presentes, seguindo a ordem da hierarquia. Depois, os convidados. Mas todos deveriam aguardar com os copos cheios em seus lugares até receber a permissão para beberem juntos, o que ocorreu dez minutos depois (havia um relógio na parede, acima da porta de entrada da direita). Os estatutos e vários "boletins de consciência" foram lidos ao longo de uns quinze minutos monótonos, numa linguagem que varia entre formalismo e expressões corriqueiras. Mauricio entoou chamadas, nenhuma particularmente digna de nota, e fez algumas preleções.

Alguém já descreveu os cultos da UDV assim: fica-se sentado o tempo inteiro, pede-se licença para tudo e tocam Roberto Carlos. Outros mestres, conselheiros e associados de fato pediam licença ao mestre para fazer chamadas e pequenos discursos, sempre dizendo da alegria de nos receber ali, convidando-nos a voltar e terminando sempre com as palavras: "Que a sessão prossiga plena de luz, paz e amor", ou variantes disso. Em pelo menos duas ocasiões o mestre convidou para que se fizessem perguntas, e não houve muitas, talvez três ou quatro. Levantei a mão e pedi licença para perguntar o que era a "firmeza" de que falavam algumas passagens das leituras e das chamadas. Mauricio respondeu longamente que ela se baseava em três colunas: trabalho, família e religião (por outras fontes vim a saber que a UDV não considera saudável a homossexualidade, por exemplo).

Por volta das seis e meia, talvez um pouco depois, quinze para as sete, comecei a sentir o efeito do chá. A sensação foi parecida com a de minha experiência anterior, quase um ano antes, na casa de Bruno Gomes, mas mais gentil, talvez por ter sido a segunda vez e não me surpreender por falta de novidade. A hoasca da UDV também me pareceu mais rala que a bebida da estreia. Ao mesmo tempo, a viagem foi bem mais intensa, acompanhada de enorme sensação de tranquilidade e vontade imperiosa de fechar os olhos para mergulhar no próprio interior, como que ansiando por mirações, enquanto na outra vez a toda hora abria os olhos, com receio delas. Não cheguei a tê-las como as imaginava, verdadeiras alucinações. Apenas figuras geométricas e coloridas na tela das pálpebras, bonitas, mas não esfuziantes. Ao abrir os olhos, quando Mauricio pedia que se acompanhassem as chamadas, era surpreendido com a intensidade das cores do ambiente, sobretudo o amarelo do arco e o creme da tinta das paredes, que rebrilhavam.

A Força foi sobretudo emocional e psicológica. Tomou-me uma sensação de grande tranquilidade e paz, como algo que se derramasse mornamente dentro do peito. "Aceitação" talvez seja a melhor palavra para descrever o sentimento predominante: de mim mesmo, das limitações que cercam a vida, de que a morte faz parte dela, dos defeitos que todos carregamos, dos outros como eles são. Não julgar, como ensina a UDV. Ver, reconhecer, aceitar, melhorar. Três dias depois, ainda sentia o eco disso no peito, um tremor reconfortante que me faz sentir vivo e que proclama: amar é o natural, e não sofrer. Dito assim parece piegas, mas a alternativa é bem pior.

Uma mulher à minha esquerda chorava convulsivamente. Seu pranto foi aceito com naturalidade por todos. Mauricio olhou para ela várias vezes sem dizer nada. A certa altura, perguntou-lhe o nome e se estava bem. Ela respondeu de forma não muito audível algo sobre a morte da mãe e que enfim estava conseguindo deixar as lágrimas correrem. Ele disse que tinha certeza de que sua mãe estava num lugar "guarnecido por Deus" e que ela deveria se fixar não na ausência, mas nos momentos e coisas boas que tinha vivido com ela.

Talvez por sugestão, pensei mais uma vez na minha própria mãe, como na casa de Bruno. Normalmente me lembro dela já velha, ofegante, queixosa, difícil. Naquela hora, derivei facilmente para a maneira com que mais gosto de recordá-la: naquela noite em que sairia com meu pai para uma festa, com o vestido florido em tons de vermelho e amarelo, um ombro só, apaixonante. Devia ter uns oito ou nove anos, mas em poucos momentos da vida amei com tamanha dedicação. Lamentei não ter estado presente para confortá-la durante sua longa espera pela morte, naquele mês de 1997 transcorrido após sua cirurgia, em que eu hesitava quanto a retornar de Boston, onde morei por um ano, e só o fiz na noite em que ela viria a morrer, indo do aeroporto direto para o crematório. Não foi arrependimento nem dor, mas aceitação de que gostaria de ter feito diferente e não fiz — passou, não há como fazer o tempo voltar atrás. Tudo bem.

Aí me lembrei com carinho também de meu pai na UTI, inconsciente havia vários dias, quando lhe fiz um cafuné e falei baixinho que se ele quisesse ou precisasse descansar, ir embora, tudo certo, nós todos ficaríamos bem apesar da falta que ele faria. Não lembro se morreu naquele dia ou pouco depois. No dia seguinte à sessão de Mairiporã, quando contei para Claudia que esse havia sido um dos momentos importantes, os olhos se encheram de lágrimas — os meus e os dela. Ela falava de sua própria mãe, internada aos 95 anos, e do livro que estava lendo sobre cuidados paliativos. Choramos juntos, não exatamente de angústia, talvez um pouco de culpa, e eu lhe aconselhei o que venho aprendendo com os psicodélicos: deixar o passado passar, não exatamente esquecer, mas cessar a lamentação pelo que poderia ter sido feito e não foi, para se fixar no que se pode realizar hoje, amanhã e depois.

Senti uma grande sonolência sob efeito da hoasca da UDV. Bocejava seguidamente, lacrimejava muito, cheguei a tentar dormir para ver se sonhava e tinha algum tipo de visão que pudesse chamar de miração. Nada. Era impossível adormecer, pois tinha a mente em grande atividade, ainda que não em pensamentos verbais, analíticos, narrativos. Às vezes sim, mas em geral era um fluxo em que predominavam sentimentos e imagens misturados com palavras. Havia intenção também, conduzia o fluxo com alguma consciência, ainda que em vários momentos ele tenha dado guinadas por conta própria. Lembro muito pouco; ficou somente a sensação de que era bom, apaziguador, fisicamente agradável, como se aquele tipo de momento gozoso e fugidio da passagem da vigília para o sono se prolongasse por vários minutos, horas talvez.

Olhava várias vezes para o relógio e concluía que o tempo estava demorando a passar; em realidade, os intervalos foram de alguns poucos minutos, mas noutros foram saltos de quase uma hora ou mais. Parece que a distorção da percepção do tempo não se apresenta só num sentido, da lentidão ou da aceleração, mas como um aumento de elasticidade, ritmos variáveis. Em certas passagens sentia que ele se relaxava e quase dissolvia, e a intensidade dos momentos, de cada momento, se amplificava, permanecendo mais do que passando, numa espécie de suspensão que se aproxima, paradoxalmente, da inconsciência, ou melhor, de um estado alterado de consciência em que o eu renuncia a escandir a experiência vivida.

Os mestres da UDV tocaram várias músicas no aparelho de som conectado a seus celulares. Roberto Carlos, por certo, mas só uma canção, "Luz divina": "Luz que me ilumina o caminho e que me ajuda a seguir/ Sol que brilha à noite, a qualquer hora, me fazendo sorrir/ Essa luz só pode ser Jesus". No mais, tocaram Maria Bethânia, Almir Sater e Gal Costa, entre os que conhecia. De Gal ouvi a linda versão de "Força estranha" (outro nome que na UDV se dá à "burracheira"), mas, curiosamente, não surtiu o efeito que melodias e letras queridas costumam ter de me levar às lágrimas e soluços. Foi como se o cérebro sintonizasse outra faixa de onda, mais ligado na poética e no gozo estético do que nas vibrações mais primitivas, por assim dizer, na emoção pura, em que a mente se torna o polo passivo dos afetos. Interpreto como mais uma indicação de que o estado psicodélico é de alteração da consciência, e não só, ou não tanto, da percepção.

Ali pelas sete e meia, Mauricio perguntou quem gostaria de repetir o chá. Minha primeira reação foi a de sempre — cautela — e descartei a possibilidade, mas um fio de dúvida se insurgiu. A vontade de ter mirações foi maior, e me levantei, entrei na fila e fui o último dos adventícios a repetir a dose, pedindo, porém, que me desse "só um pouquinho". Mauricio mediu cerca de um terço do copo. O efeito não foi bem de intensificação, mas de prolongamento. Nada de mirações. Houve um intervalo, às nove e meia, quando decidi ir ao banheiro, e isso envolveu algum esforço, pois não tinha certeza de conseguir andar com tanta leveza a me envolver; cada passo e gesto era consciente, calculado, antecipado, embora tivesse ao mesmo tempo a sensação de que resultavam de uma ação programada que independia de mim. Estranha, mesmo, essa força.

Na volta, Mauricio entoou a chamada para "despedir o Caiano", mestre invocado nos rituais como originador da UDV, e encerrou a sessão pontualmente às dez horas. Serviu-se um lanche no grande salão dos fundos, mas precisei me forçar a comer. Embora conversasse normalmente, estava ainda sob efeito forte do chá, creio que mais do que as outras pessoas. Já ansiava por ir embora, mas tive de aguardar uma carona. Voltamos por dentro da zona norte de São Paulo, não pela rodovia Fernão Dias, e o percurso parecia interminável. Estava estufado com gases, incomodado, quase enjoado com as muitas curvas, mas conversando com animação, falando de experiências psicodélicas e planos para este livro, de conhecidos em comum com o motorista, filhos e netos.

Essa disposição para tratar de coisas pessoais com até então desconhecidos, embora neste caso não tenha entrado em fatos e sentimentos mais íntimos, lembrou muito o que senti quando tomei MDMA em Oakland, em 2017.

Cheguei em casa por volta de uma da manhã. Dormi pouco e bem, mas não me lembro de um único sonho. Fiquei na penumbra da hoasca o dia todo de domingo e também na segunda. Escrevi para a *Folha* um comentário sobre o temporal que inundava São Paulo naquele que foi o fevereiro mais chuvoso da história, conversei longamente com Claudia — tudo sem grandes solavancos, com paciência e disposição para resolver os perrengues, mais do que se atolar neles. Poucas vezes me senti tão leve e resistente diante das agruras do mundo.

Pós-xamãs

A UDV tem três décadas de colaboração próxima com pesquisadores, no contexto de seu Projeto Hoasca, iniciado em 1991.[29] O primeiro resultado dessa parceria foi o estudo pioneiro de 1993 feito por uma equipe de cientistas dos Estados Unidos, da Finlândia e do Brasil, no Núcleo Caupuri, de Manaus, o mais antigo dos núcleos da UDV fora do Acre. Liderada pelo psiquiatra Charles Grob, da Universidade da Califórnia em Los Angeles, a pesquisa comparou quinze frequentadores do culto com mais de dez anos tomando o chá em rituais a pessoas saudáveis sem experiência prévia com a beberagem.[30] Utilizaram-se vários testes de amostras biológicas e questionários padronizados para avaliar a saúde mental e as características de personalidade dos voluntários.

Concluiu-se que os adeptos da "burracheira" não só eram tão saudáveis quanto os não praticantes como apresentavam escores mais baixos nas escalas de busca pela novidade e aversão ao risco, o que se interpreta na literatura como personalidades de maior maturidade emocional: mais confiantes, relaxadas, otimistas, despreocupadas, desinibidas, extrovertidas e enérgicas. Além disso, onze dos quinze frequentadores da UDV tinham enfrentado problemas prévios com álcool ou drogas, mas com remissão após se associar à religião, sustentada até a realização das entrevistas. Os autores descreveram os achados como preliminares e recomendaram estudos mais aprofundados para corroborá-los, assinalando que "o consumo de longo prazo de hoasca no quadro estruturado do cerimonial da UDV não parece exercer um efeito deletério na função neuropsicológica".

A essa investigação seguiu uma similar, com quarenta adolescentes de ambos os sexos, entre quinze e dezenove anos, que tivessem tomado ayahuasca pelo menos 24 vezes, alguns desde a infância. Eles foram comparados a outros quarenta de perfil socioeconômico parecido, morando nas mesmas comunidades. O estudo foi conduzido por Dartiu Xavier da Silveira, da Universidade Federal de São Paulo (Unifesp), tendo Charles Grob como um dos coautores.[31] Novamente usando baterias de questionários padronizados, registrou-se uma tendência no grupo de controle para sintomas mais pronunciados de ansiedade e déficit de atenção. Como no caso anterior, contudo, os pesquisadores ressalvam não ser possível excluir que os próprios traços de personalidade mais equilibrados fossem preexistentes e tenham até mesmo contribuído para favorecer a adesão a culto religioso, o que descartaria um efeito protetivo de frequentar o ritual e tomar o chá.

Uma das associações mais comuns que se faz nas religiões da ayahuasca atribui à frequência de cultos a remissão de uso abusivo e dependência química, em particular álcool, cocaína e crack, entre adeptos. A evidência científica rigorosa disponível em apoio a esse benefício, entretanto, é escassa, como assinalam os estudiosos espanhóis José Carlos Bouso e Jordi Riba, respectivamente do ICEERS (abreviação em inglês para Centro Internacional para Educação, Pesquisa e Serviço Etnobotânico) e da Universidade Autônoma de Barcelona.[32] Embora não tenha sido realizado com grupo de controle e acompanhamento posterior, um dos estudos mais lembrados sobre o tema é o levantamento organizado por Beatriz Caiuby Labate — mais conhecida como Bia Labate, investigadora brasileira da antropologia de religiões xamânicas e da ayahuasca — com colaboradores do Brasil, Holanda e Estados Unidos.[33] Em 1998, o grupo recrutou 83 adeptos da denominação Cefluris do Santo Daime, nos estados de São Paulo e Minas Gerais, com pelo menos três anos de frequência aos cultos. Uma lista de substâncias lhes foi apresentada, para que informassem quais tinham usado de forma problemática ou como dependentes antes de aderir ao Santo Daime e quais ainda usavam no momento do estudo. O rol incluía: álcool, tabaco, sedativos/tranquilizantes, heroína/morfina, cocaína (aspirada), crack (fumado), anfetaminas, MDMA (ecstasy), LSD e solventes. (A maconha ficou fora da relação por ser considerada uma planta sagrada por seguidores do Cefluris.) Também se empregou um questionário para avaliar transtornos mentais.

Metade do grupo (41 pessoas) se enquadrava nos critérios utilizados para caracterizar um histórico de dependência química. Destes, um alto contingente de 90% (37 participantes) declarou ter superado a dependência de pelo menos uma substância depois de se associar à religião, distribuindo-se assim: 27% álcool, 24% cocaína, 19% tabaco, 8% crack e 5% outros compostos (MDMA, solventes, LSD e heroína). Depois de relatar as limitações da pesquisa, os autores concluem:

> Nossos dados sugerem uma alta taxa de resolução de transtornos de dependência química em membros de uma religião de ayahuasca brasileira. Embora provocativos, eles requerem validação por meio

> de metodologias para melhor controle. Estudos futuros deveriam examinar a influência mútua entre *set* e *setting* do uso religioso de ayahuasca e respostas ao chá que contribuam para a recuperação. Assim fazendo, pode ser possível desenvolver modelos que otimizem o uso da ayahuasca no tratamento de transtornos de uso de substâncias ao combinar abordagens médicas ocidentais com aquelas consideradas úteis em *settings* indígenas e religiosamente orientados.[34]

Como antropóloga, Bia Labate não se limita a mapear e interpretar a diáspora dos cultos xamânicos e de rituais com medicinas baseadas em plantas pelos centros urbanos do mundo, em duas dezenas de livros que editou ou para os quais contribuiu como autora, e tem se ocupado também da tensão cultural engendrada nesse encontro de desiguais. Sua biografia no Instituto de Estudos Integrais da Califórnia (CIIS), onde está desde 2017, a apresenta como antropóloga *queer* que dirige a organização Chacruna, dedicada a educar o público sobre plantas medicinais psicodélicas e a criar pontes entre o uso cerimonial de plantas sagradas e a ciência psicodélica. Na vertente educativa, concentra foco no potencial para assédio em centros religiosos e terapêuticos, inclusive com a edição do manual *Guia comunitário da ayahuasca para atenção e prevenção ao abuso sexual*,[35] tema de sua palestra em agosto de 2019 na conferência Breaking Convention de Londres.

Na outra margem, a da pesquisa com psicodélicos, milita para que neurocientistas e psiquiatras participantes do renascimento psicodélico não derivem para muito longe das culturas milenares que lhes legaram o conhecimento sobre as espécies naturais e seu manejo — nos territórios atuais do México e do Arizona (mescalina e psilocibina) ou na Amazônia (ayahuasca) e no Gabão (ibogaína). Ou, pelo menos, que não se afastem demais do contexto acolhedor (*setting*) que a maioria delas oferece, quando não falham e se desviam, a quem sofre ou está em busca de autoconhecimento. “Nem tudo diz respeito só às moléculas", afirmou Bia na conferência Psychedelic Science 2017, na cidade de Oakland. Ela foi a terceira e última a discursar na abertura da reunião, após dois gigantes da resistência psicodélica nas mais de três décadas de hegemonia proibicionista, o americano Rick Doblin e a britânica Amanda Feilding. "A cura não diz respeito só à eficácia das substâncias, só aos princípios farmacológicos. A cura depende de relações, de contexto, de outras pessoas." Para a antropóloga, que organizou a parte do programa da conferência relativa a plantas medicinais, cabe aos cientistas naturais atentar para o que é de praxe nas ciências sociais: "Temos de ouvir um pouco mais o que os povos tradicionais têm a dizer sobre as plantas que estamos agora estudando e pesquisando. Ouvi-los em sua própria voz".

As tensões entre cultura e ciência psicodélicas foram palpáveis nos seis dias da conferência. Eram óbvios os esforços de Rick e dezenas de neurocientistas para se dissociarem dos costumes e indumentárias esotéricas em exibição nos corredores e salões. Sim, muitos dos estudiosos dedicados a reentronizar compostos psicodélicos no panteão da psiquiatria e da psicoterapia são ex-hippies que se preocupam com o *setting* das sessões terapêuticas e cercam o paciente com música tranquila, meia-luz ou máscara, tapeçarias tradicionais e uma dupla de terapeutas silenciosos e compassivos como companheiros de viagem. No entanto, pesquisadores como os brasileiros Dráulio de Araújo, Stevens Rehen e Sidarta Ribeiro — todos presentes em Oakland e admiradores dessas tradições ancestrais —, assim como seus colegas e competidores científicos no estrangeiro, tendem a se distanciar de poções complexas como a ayahuasca e a favorecer as versões sintéticas de suas moléculas poderosas, que lhes facultam maior controle da pureza e das dosagens de DMT e betacarbolinas, por exemplo, que trouxeram algum alívio e esperança aos pacientes do teste clínico realizado em Natal.

Nos bastidores da conferência de Oakland, o pessoal da ciência dura negociava em reuniões fechadas a criação de uma nova organização, com éthos menos militante e mobilizador que o arco multicolorido abrangendo da MAPS de Rick Doblin ao Instituto Chacruna de Bia Labate. Dois anos depois, em outubro de 2019, a iniciativa frutificaria em Nova Orleans, Lousiana, com a conferência inaugural da Sociedade Internacional para Pesquisa sobre Psicodélicos. A ISRP, na abreviação em inglês, foi criada com o propósito de promover o intercâmbio científico e o avanço de ciência empírica com psicodélicos clássicos (DMT, LSD, mescalina e psilocibina) ou aparentados (MDMA, cetamina e ibogaína, por exemplo), mas explicitamente divorciada das agendas de políticas públicas.

Dráulio, Stevens e Sidarta estavam lá, com muitos resultados para mostrar.

Michael Douglas

O East Ballroom do hotel Marriott em Oakland, na Califórnia, está com seus 1178 assentos tomados em 21 de abril de 2017. Richard Doblin, fundador da Associação Multidisciplinar para Estudos Psicodélicos (MAPS, na abreviação em inglês), segue com a palestra de abertura da terceira conferência Psychedelic Science,[1] obtendo aqui e ali risos e aplausos por suas tiradas sobre a luta de três décadas contra a proibição de substâncias como a metilenodioximetanfetamina (MDMA, a base da droga recreativa ecstasy). Rick, como todos o chamam, e sua associação estão a ponto de completar a façanha de obter aprovação do MDMA como medicamento, e, para demonstrar seu potencial psicoterapêutico, Rick projeta um vídeo que, além de palmas e risadas, desta vez arranca lágrimas de várias pessoas na plateia.

Um jovem bem-apessoado, barba e cabelos negros, aparece recostado numa cama ou divã. Seu nome é Nicholas Blackston, Nick, fuzileiro naval que teve dois turnos de combate no Iraque e desenvolveu transtorno de estresse pós-traumático (TEPT). Do casal de terapeutas presente à sua primeira sessão de terapia assistida por MDMA só se veem as mãos da mulher à direita, que ocasionalmente toma notas. Ouvem-se suas vozes, porém, com intervenções limitadas a frases genéricas de apoio, na linha de "Obrigado por compartilhar isso conosco". Nick fala com voz pausada, entrecortada por silêncios em que parece buscar palavras adequadas para exprimir emoções e pensamentos em turbilhão.

"Eu achava que era uma pessoa pacífica. Talvez no Iraque eu tenha visto do que era mesmo capaz. Acho que uma parte de mim se sente mal pelo que fiz a ele", diz, referindo-se na terceira pessoa àquela parte menos apresentável de si cuja existência negava antes de ir para a guerra. Conta que no momento se sente em paz com o fato de ser essa sua jornada, de ter precisado matar sob risco de morrer para aceitar algo que sempre fizera parte dele, mas receia que isso se perca quando a sessão acabar. "Eu acabei de obter esse incrível senso de sabedoria. Sei que é parte da droga. Me pergunto se vou conseguir reter isso, esse entendimento, essa sabedoria, esse conhecimento que tenho agora."

Nick teve sucesso. Em outro vídeo, de 2014,[2] narra sua história de superação ao lado de Tom Shroder, autor do livro *Acid Test: LSD, Ecstasy, and the Power to Heal* ("Teste do ácido: LSD, ecstasy e o poder de curar", em tradução livre), no qual seu caso é narrado. Nick conta que nos combates em Faluja atirou em rapazes de menos de quinze anos carregando fuzis Kalashnikov. Viu outros soldados serem queimados vivos. Seu melhor amigo morreu num ataque ao veículo Humvee em que estavam.

Seis meses depois de voltar aos Estados Unidos começaram os pesadelos, a ansiedade e os ataques de raiva que quase destruíram seu casamento. Foi tratado sem bons resultados com o antipsicótico quetiapina (comercializada com o nome de Seroquel) e o antidepressivo sertralina (Zoloft), da classe dos inibidores seletivos de recaptação (reabsorção) de serotonina. Naquela altura, em 2014, a vida de Nick seguia normalmente, sua mulher estava grávida e ele se tornara uma espécie de apóstolo do MDMA.

O soldado traumatizado tinha passado por um total de quinze

sessões do protocolo de terapia assistida desenvolvido pela MAPS: três de preparação para o experimento e nove de "integração", mais três com uma dose de 75 miligramas de MDMA. Seguiram o mesmo esquema todos os 24 participantes do teste clínico de fase dois, etapa de pesquisa em que se testa a eficácia de um medicamento. Como Nick caiu no grupo que recebeu uma dose mais baixa, foi-lhe oferecida a opção de repetir o protocolo em mais três encontros, com doses de 125 miligramas, que ele aceitou. "Salvou a minha vida. Eu precisava daquela parte da minha pessoa. Finalmente senti que tinha uma parte da minha cabeça de volta."

Não fosse por Rick e sua associação, sequer teria acontecido o ensaio clínico que devolveu o fuzileiro naval à vida normal e o livrou do TEPT com seis doses de MDMA. Graças ao ex-hippie, esse tipo de estudo chega agora ao ápice, com a realização de testes de fase três em curso, autorizados pela Food and Drug Administration (FDA), a agência de fármacos e alimentos dos Estados Unidos. Estão inscritos trezentos voluntários, selecionados entre os mais de 20 mil que se candidataram pela página da MAPS na internet. Se o experimento de grande escala demonstrar a segurança e a eficácia do psicodélico como adjuvante psicoterapêutico, na comparação com o grupo que recebe placebo, há expectativa de que a terapia assistida por MDMA entre para a lista de tratamentos autorizados pela FDA em 2022 ou 2023. Quando isso acontecer, será a primeira droga psicodélica aprovada para tratar problemas mentais depois das sucessivas proibições nos anos 1970 e 1980.

O percurso até a linha de chegada tinha começado muito antes da conferência de 2017 em Oakland. Foi em 1982, quando Rick experimentou MDMA, ou talvez seja mais correto dizer 1972, quando travou contato com a obra de um dos papas da psicodelia medicinal, Stanislav Grof.

Essa longa história foi contada por Rick na cozinha de sua casa em Belmont, subúrbio de Boston (Massachusetts), na entrevista que me deu em 11 de outubro de 2018. Ele tinha à sua frente, sobre a mesa de fórmica, uma tigela de pipoca fria, que não parou de beliscar durante a meia hora consumida em resolver problemas mais urgentes em mensagens de celular e computador, antes de iniciar-se a entrevista propriamente dita. Tocou o telefone, e ele passou a narrar para a pessoa do outro lado da linha, num diálogo entusiasmado que não pude deixar de ouvir, a apresentação que fizera sobre o MDMA em Orlando (Flórida), dias antes, para uma plateia de chefes de polícia em convenção. As corporações policiais americanas têm em seus quadros muitos ex-combatentes, e os veteranos com transtornos mentais dos Estados Unidos chegam a quase 1,5 milhão, 868 mil deles com TEPT[3] — daí o interesse dos chefes de polícia nos trabalhos da MAPS. O tratamento psíquico de ex-combatentes custa 29 bilhões de dólares anuais ao governo, dos quais dezessete bilhões são gastos só com estresse pós-traumático. Pelo menos quinze veteranos cometem suicídio diariamente nos Estados Unidos.[4]

Mais animado ainda se mostrava Rick, naquela tarde de 2018, com "Medicina psicodélica: da tradição à ciência", um debate de que participara no dia anterior. O evento ocorreu no Instituto Broad, iniciativa conjunta da Universidade Harvard e do Instituto de Tecnologia de Massachusetts (MIT), dois templos da ciência de ponta americana. Rick mostrou uma foto da projeção no fundo do palco do auditório, orgulhoso pelo logotipo de sua associação ao lado das marcas acadêmicas mais famosas. "Chocante, incrível." Mais de mil pessoas tiveram de acompanhar a discussão em telas nos salões adjacentes, porque a plateia estava lotada de cientistas e professores, alguns deles chefes de serviços de psiquiatria de hospitais importantes como o Hospital Geral de Massachusetts, também conhecido como Mass General. Uma reviravolta, porque meses antes nenhuma das grandes instituições, afinal, havia aceitado participar do teste clínico multicêntrico que a MAPS tem hoje em curso. "Agora eles têm medo de serem deixados para trás", diz, rindo.

Nada mau para o líder que foi um adolescente judeu apavorado com as narrativas do Holocausto, com o fantasma de bombas nucleares russas na Guerra Fria e com a possibilidade de ser convocado para a Guerra do Vietnã, contra a qual se tornou militante. Experiências difíceis com maconha e LSD não lhe reduziram a ansiedade, na época, e Rick buscou ajuda de seu tutor no ensino médio. Surpreendentemente, o professor lhe recomendou a leitura de um livro de Stan Grof e lhe emprestou uma cópia surrada do volume. O psiquiatra de origem tcheca dizia que os psicodélicos estavam para o seu campo como o microscópio para a biologia e o telescópio para a astronomia. "Isso mudou tudo", conta Rick, que decidiu dedicar a vida a tornar realidade a promessa terapêutica daquelas substâncias (o LSD já estava proibido, mas o MDMA não).

A década seguinte foi de instabilidade, Rick pulando de emprego em emprego sem conseguir engatar seu sonho. Em 1982, retomou a faculdade e logo no primeiro semestre ficou sabendo de um curso de Stan Grof no Instituto Esalen, em Big Sur, na Califórnia. Partiu para lá. Durante o curso, uma moça apresentou a droga nova para ele, MDMA. De início não viu vantagens em relação ao LSD: "Fui tonto ao subestimar, mas esperto o bastante para comprar um pouco", conta. Ao tomar a substância com a namorada, ficou encantado com a profundidade do efeito e o quanto se tornara amoroso. O barato mais curto e suave que o do LSD, sem dar margem a alucinações, era marcado por forte empatia e vontade de socializar. Pareceu-lhe perfeito como apoio para psicoterapia, o que de fato já vinha acontecendo — estima-se que 500 mil doses foram usadas terapeuticamente nos tempos pré-proibição.

Rick queria ver o MDMA reconhecido oficialmente, mas a droga se tornara coqueluche nas festas conhecidas como raves, em que ganharia apelidos como ecstasy, *candy*, *molly* e "Michael Douglas". O uso recreativo chamou a atenção da DEA, toda-poderosa agência de controle de drogas dos Estados Unidos, que iniciou uma consulta pública de trinta dias para criminalizar "Michael Douglas". Uma ação na justiça obteve decisão administrativa recomendando incluir o MDMA na lista de remédios passíveis de prescrição, mas a DEA se adiantou e declarou uma emergência. Contrariando a recomendação de especialistas médicos, em 1985 o composto passou a figurar de modo definitivo na lista das substâncias proibidas, o famigerado Schedule 1.

Com todas as vias bloqueadas, a reação do militante foi criar a MAPS em 1986, misto de associação de estudos com startup farmacêutica sem fins lucrativos que tinha por missão reabilitar o MDMA como remédio de apoio para psicoterapia. Pouco mais que uma ONG, a associação se lançou no paciente trabalho de convencer outra agência governamental, a FDA, do potencial terapêutico do ecstasy. A custo obtiveram-se autorizações para realizar estudos de fase dois com a droga, destinados a comprovar baixa toxicidade e potencial terapêutico, que começaram em 2004. Nesse meio-tempo, Rick concluiu um doutorado em políticas públicas na Escola de Governo John F. Kennedy, defendido em 2000 na Universidade Harvard, com uma tese sobre a regulamentação de usos médicos de compostos psicodélicos e maconha.

Ao todo, seis testes de fase dois foram realizados. Todos seguiram o protocolo definido pela MAPS, que previa a participação de homens e mulheres com transtorno de estresse pós-traumático crônico — vários deles veteranos, bombeiros e policiais, ou vítimas de abuso sexual —, apresentando sintomas há pelo menos seis meses e cinquenta pontos ou mais na escala padronizada de diagnóstico CAPS que mede a intensidade de estresse pós-traumático. Com pequenas variações no esquema de tratamento, a maioria passou por duas ou três sessões de orientação antes da etapa de terapia propriamente dita, com uma dezena de encontros, mas só duas sessões tendo o MDMA fornecido como adjuvante, com doses variando entre 40 e 125 miligramas. Nestes casos, em lugar dos noventa minutos da consulta regular, o paciente ficava acompanhado em toda a duração do efeito (tipicamente de três a quatro horas de pico) por uma dupla de terapeutas, com a opção de usar máscara para vendar os olhos e ouvir música instrumental suave. O participante falava se e quando quisesse, e os acompanhantes se restringiam a palavras de encorajamento, deixando interpretações e discussões para consultas subsequentes de integração.

Os resultados foram bastante bons: nas avaliações de um a dois meses após as sessões experimentais, 54,2% dos participantes do grupo principal já não satisfaziam os critérios para diagnóstico de TEPT, contra 22,6% do grupo de controle. Um ano depois, a melhora dos que tomaram doses ativas de MDMA foi ainda mais pronunciada, com 68% livres do transtorno. A MAPS apresentou os dados à FDA, que em 2017 acabou concedendo à droga o status de *breakthrough therapy* (terapia inovadora), via burocrática facilitada para acelerar a aprovação de medicamentos cujos estudos preliminares apresentem benefício significativamente maior que os tratamentos disponíveis. A reunião dos dados dos seis testes preliminares terminou publicada em periódico científico em 2019, tendo Rick como autor principal.[5]

A aprovação da FDA para realizar estudos de fase três, que exigem reprodução dos resultados com centenas de pacientes para conceder a licença definitiva, saiu em 2018. Começou então a batalha de Rick e associados para levantar de 25 a 30 milhões de dólares para custear o teste clínico com duzentos a trezentos participantes e o treinamento de dezenas de terapeutas, mais 9 milhões para realizar um braço do ensaio na Europa. Na época da entrevista, em 2018, o caixa da MAPS contava com 27 milhões de dólares em doações, incluindo um milhão da família do conservador Robert Mercer, bilionário de *hedge funds* que fundou a polêmica Cambridge Analytica, empresa mineradora de dados pessoais nas redes sociais para influir em processos eleitorais mundo afora. A única condição dos Mercer foi que a MAPS empregasse o donativo em pesquisas para beneficiar veteranos de guerra.

Rick, antigo opositor da Guerra do Vietnã, hoje ri da ironia e das voltas que a história dá. Cita iniciativas de desregulação na área de medicamentos capitaneadas pelos republicanos Ronald Reagan e Donald Trump, que permitiram o chamado uso compassivo de remédios ainda não licenciados pela FDA no tratamento de raros casos extremos, sem esperança de cura com terapias convencionais, em que o paciente assume individualmente o risco e o custo da droga (como já tem acontecido com o MDMA). Também data de 1984, em pleno governo Reagan, a legislação que incentiva o desenvolvimento de remédios a partir de compostos sem patente (caso do MDMA, fórmula no domínio público) dando ao desenvolvedor exclusividade de cinco anos na comercialização, vantagem que a MAPS pretende utilizar para se capitalizar e se firmar no mercado como provedora principal da psicoterapia assistida por MDMA — não só a droga, que não estará à venda em farmácias, mas o pacote completo, que inclui o treinamento de terapeutas segundo os protocolos aprovados.

É praxe em testes clínicos de fase três que eles sejam realizados em vários centros de pesquisa. Neste caso são doze, oito dos quais nos Estados Unidos, dois no Canadá e dois em Israel. Estão previstas três aplicações, de 75 ou 125 miligramas, que serão comparadas apenas com o uso de placebo, uma vez que os estudos de fase dois indicaram ser inviável empregar a dose de quarenta miligramas como placebo ativo, plano inicial de Rick. Ele conta que essa era sua proposta para contornar um problema central dos testes com psicodélicos, que deveriam ser duplamente cegos, ou seja, tanto experimentadores quanto participantes ignoram quem toma a substância ativa e quem recebe placebo, mas que acabam não satisfazendo esse requisito de maneira ideal por causa dos óbvios efeitos psíquicos ocasionados pela droga; a pessoa quase sempre sabe se está no grupo da droga ou não, o que pode confundir os resultados.

Com a dose diminuída para quarenta miligramas, abaixo do limiar capaz de alterar a consciência, esperava-se que algum efeito fosse sentido pelo paciente, em especial no plano fisiológico — aumento da frequência cardíaca, por exemplo —, mas não no psíquico. Ao longo da fase dois ficou claro que a dosagem não serviria como placebo ativo, já que a subdose acabou induzindo irritação em vários participantes, prejudicando a disposição em se engajar no processo terapêutico a que todos eram submetidos.

Para um composto conhecido desde 1912, sabe-se pouco do mecanismo de ação do MDMA no cérebro humano. A droga foi sintetizada originalmente nos laboratórios da empresa farmacêutica alemã Merck como parte dos estudos de uma nova via sintética para criar medicamentos anticoagulantes e concorrer com um remédio patenteado pela Bayer.[6] Caiu assim por terra a lenda de que a farmacêutica teria sintetizado a substância para tirar apetite de soldados alemães e de que um batalhão participante da pesquisa teria marchado sem camisa e sorridente sob seu efeito, história que se propagou até chegar a textos da própria agência americana DEA. Embora tenha patenteado o composto em 1927, até 1950 a companhia alemã só realizou testes com ela em animais, e nunca deu os passos necessários para transformá-la num medicamento de uso humano.

O padrinho da ressurreição do MDMA foi Alexander "Sasha" Shulgin, cultuado como herói icônico (e iconoclasta) da história psicodélica. Depois de trabalhar vários anos na empresa química americana Dow, onde se ocupava com design de inseticidas, Sasha montou um laboratório caseiro nos anos 1960 para sintetizar cerca de duzentos compostos estruturalmente semelhantes a psicodélicos conhecidos, como mescalina, psilocibina e LSD. Ele testava os efeitos em si próprio e num círculo de amigos, como narra com a mulher, Ann Shulgin, no livro *Pihkal: A Chemical Love Story* ("Uma história de amor química", em tradução livre; *Pihkal* corresponde ao acrônimo em inglês para a frase "fenetilaminas que conheci e amei").

No relato autobiográfico, em que o casal usa como alter ego a dupla fictícia Alexander "Shura" Borodin e Alice, e chama de Dole o correlato da empresa Dow, Sasha conta que já havia sintetizado o MDMA em 1965, como parte de seu trabalho na empresa, mas só teve a atenção atraída para os efeitos psíquicos anos depois, graças a uma estudante da Universidade da Califórnia em São Francisco que lhe disse ter sentido grande leveza e calor humano ao tomar cem miligramas com amigos. Como parte de seus experimentos, ele ingeriu uma dose de 120 miligramas com uma mulher que identifica como Janice. Sob efeito do ecstasy, ela perguntou: "É correto estar viva?". Sasha respondeu que sim, era uma dádiva, e ela começou a correr pelo gramado exclamando que nada havia de errado em estar viva. Na conversa que se seguiu, ela lhe contou ter nascido por uma operação cesariana em que a mãe acabou morrendo, e que por cinquenta anos se culpara por isso. Meses depois, quando ligou para saber como ia a mulher, Sasha ouviu que estava bem, em paz, e tinha suspendido a terapia que fizera por décadas.

Leo Zeff foi um dos terapeutas a entrar em contato com o MDMA pelas mãos de Sasha, em 1976. Ele passou anos tratando pacientes com a droga, que era então chamada nos consultórios de "Adam" ou "Empathy".[7] Milhares de pessoas se beneficiaram com sua capacidade de reforçar a empatia e os vínculos pessoais, assim permitindo acessar e processar memórias de trauma emocional, como acontecera com Janice. A proibição em território americano interromperia, em 1985, a carreira de sucesso da droga, que ficaria nas gavetas por duas décadas, até começarem a frutificar os esforços de Rick e da MAPS. Em países da Europa como a Suíça, terapia e pesquisa com MDMA prosseguiram até 1993, quando a proscrição já se generalizava. Em 2000, iniciou-se na Espanha um estudo pioneiro com a substância para tratar TEPT, paralisado depois de um ano sob pressões do campo proibicionista.

Dos testes interrompidos e da disseminação do ecstasy ficou a lição de que a substância é relativamente segura, em que pesem todos os relatos jornalísticos de mortes causadas por hiperaquecimento de uns poucos frequentadores de raves que estavam mal hidratados. Um artigo de revisão de 2019 no periódico *Frontiers in Psychiatry*[8] informa que a cada fim de semana no Reino Unido cerca de 750 mil pessoas tomam ecstasy em festas e que só há registro de três mortes por ano, acontecimento quase tão raro quanto os óbitos anuais causados por raios: dois. Além disso, cerca de 1600 doses já foram dadas a participantes de estudos clínicos, sem ocorrências conhecidas de mortes.

Isso não significa, decerto, que o MDMA seja inofensivo. Sua ação sobre receptores adrenérgicos (sensíveis à adrenalina) afeta os mecanismos de termorregulação do organismo, o que explica os casos de hiperaquecimento. Ela atua também sobre a mesma classe de receptores cerebrais (5-HT) afetados por outros psicodélicos como DMT e LSD, provocando o aumento dos níveis de neurotransmissores como serotonina e noradrenalina, assim como dopamina, esta em menor escala. A ativação dos receptores 5-HT1A e 5-HT1B atenua sentimentos de depressão e ansiedade, reduz a reação de medo na amídala e aumenta a autoconfiança. Acentuam-se as sensações de proximidade, compaixão e empatia consigo mesmo e com outros, com destacada melhora de humor. A maior disponibilidade de dopamina e noradrenalina favorece a prontidão e a atenção, contribuindo para melhor engajamento no processo terapêutico.

Além disso, o MDMA parece também agir sobre receptores 5-HT4, o que ocasiona liberação de oxitocina, hormônio mais comumente associado com a contração do útero no parto e a secreção de leite nas mamas, que também desempenha um papel na regulação de vínculos sociais e na abertura de períodos críticos de aprendizado social na infância, desencadeando a formação de sinapses (neuroplasticidade) numa área do cérebro conhecida como núcleo *accumbens*. Esse circuito seria peça importante na abertura para outras pessoas, o que explicaria tanto o aumento da afetividade no uso recreativo do ecstasy quanto a facilitação da psicoterapia nos estudos clínicos com MDMA puro. Por outro lado, são comuns os relatos de fadiga e irritabilidade nos dias subsequentes às raves, fenômeno apelidado por frequentadores e usuários contumazes como *midweek blues*, um abatimento que sobrevém no meio da semana; além disso, por dopaminérgico, o composto tem potencial para causar dependência, diferentemente de psicodélicos clássicos como LSD e psilocibina, que são serotoninérgicos.

Os efeitos, como se vê, guardam forte parentesco com os da ayahuasca no tratamento da depressão, descritos no capítulo anterior. O transtorno de estresse pós-traumático surge após experiências devastadoras com violência ou sofrimento — combate, crime, incêndios, abuso sexual — que perturbam a complexa sinfonia executada por grupos de neurônios imersos em neurotransmissores, como músicos que emitem e ouvem sons produzidos pelos colegas para mantê-los sincronizados e, assim, produzir a melodia que chamamos de pensamento, ou vida mental. Uma explosão na sala de concertos cega e ensurdece os membros da orquestra, temporária ou permanentemente, trauma que os impede de seguir com a melodia por incapacidade de ler a partitura e de ouvir os outros instrumentos, e resulta numa cacofonia insuportável. O MDMA, assim como acontece com outras substâncias psicodélicas, seria o bálsamo que lhes devolve visão e audição, possibilitando que voltem a comunicar-se e a tocar juntos, em harmonia. O retorno da comunicação prejudicada se faz, no cérebro, por meio da criação de novas sinapses, os pontos de conexão entre neurônios, e da normalização nos níveis de substâncias associadas com a empatia, como a serotonina e a oxitocina.

Autismo e alcoolismo

"Eu percebi que a comunicação não é só uma questão de falar. Agora eu me esforço para prestar atenção nas minhas emoções e nas emoções dos outros antes de falar." Ditas por qualquer pessoa, essas frases poderiam soar banais. Quando saem da boca de um adulto com doença do espectro autista depois de participar de um ensaio clínico de fase dois com MDMA, porém, ganham outro significado. Portadores de autismo, afinal, têm dificuldade precisamente no campo da empatia, da capacidade de perceber e de se identificar com o que os outros estão sentindo.

O estudo em questão também foi patrocinado pela associação MAPS.[9] A primeira autora é a psicóloga Alicia Danforth, do Instituto de Pesquisa Biomédica de Los Angeles, na Universidade da Califórnia. Em sua tese de doutorado, ela havia recolhido depoimentos de portadores de doenças do espectro autista, dando conta de que a ansiedade permanente em contextos sociais diminuía quando ingeriam MDMA, por exemplo em festas. Obteve então financiamento da associação liderada por Rick Doblin para testar de maneira mais sólida e controlada — num teste clínico duplo-cego, com grupo placebo — se a substância seria uma candidata factível e segura para ajudar essas pessoas, não tanto curando-as, mas na atenuação de um dos sintomas mais limitantes em suas vidas, a ansiedade social.

Foi um estudo pequeno, preliminar, que contou com apenas doze participantes, mas o resultado obtido se mostrou promissor. Eles passaram por duas sessões de oito horas de duração em que receberam MDMA ou placebo, cada uma seguida de três consultas regulares de psicoterapia. Usando a Escala Liebowitz de Ansiedade Social (LSAS, em inglês), Alicia e colaboradores constataram redução de 19,3 pontos no grupo placebo e de 44,1 entre participantes que de fato tomaram MDMA (o máximo da escala é de 144 pontos, e acima de 95 a ansiedade social é grave).

Charles Grob, psiquiatra de um centro médico da mesma universidade e coautor do trabalho, afirmou num comunicado da MAPS: "Particularmente notável para muitos dos pacientes depois do tratamento foi a autoconfiança aumentada quando interagiam em situações sociais, um desafio que no passado vivenciavam como devastador. Esperamos que nosso estudo ajude a estabelecer uma base para futuras investigações explorando a segurança e a eficácia do MDMA no tratamento de ansiedade social em populações de pacientes vulneráveis".[10]

Na mesma nota do instituto, outro participante do ensaio clínico resumiu assim a janela aberta pelo ecstasy: "Eu me senti como se estivesse experimentando o melhor de mim, vendo o mundo pela primeira vez e vendo a mim mesmo pela primeira vez".

Essa capacidade readquirida de enxergar a si próprio parece ser um efeito comum a vários compostos psicodélicos e vem sendo instrumentalizada por terapeutas para desatar diversos nós da psique humana. Seguindo a trilha aberta com o uso médico do LSD nos anos 1960,[11] antes da proibição pós-contracultura, Ben Sessa e David Nutt, do Imperial College de Londres, estão investigando o potencial do MDMA para tratar a dependência de álcool, que contribui com 4% das mortes no mundo e se mostra muito resistente a tratamento (estima-se que 80% dos dependentes tratados no Reino Unido acabam tendo recaídas).

Ben apresentou resultados preliminares do estudo aberto (sem grupo de controle com placebo) em agosto de 2019 na reunião psicodélica Breaking Convention, em Londres. O teste ainda estava em andamento e onze pacientes já tinham completado as oito semanas de terapia, que incluíam duas sessões com MDMA, e passado por entrevistas de acompanhamento nove meses depois do tratamento experimental. Apenas um deles teve recaída completa, voltando a consumir as mesmas quantidades de bebida que usava antes. Os demais, ou estavam abstêmios ou tinham voltado a ingerir volumes que não mais os qualificavam como dependentes. Um relato preliminar de quatro desses casos havia sido publicado no periódico *British Medical Journal* em março de 2019.[12]

Luta quixotesca

Conheci Eduardo Schenberg brevemente em abril de 2017, na conferência Psychedelic Science em Oakland. No último dia do evento, trocamos contatos com a promessa de uma conversa em São Paulo sobre seus estudos com MDMA, que só viria a acontecer vinte meses depois, em janeiro de 2019. Morador de uma praia no litoral paulista, o biomédico formado pela Universidade Federal de São Paulo (Unifesp) e consultor independente de inovação científica e tecnológica aproveitou uma ida à capital para marcar um encontro no café da Casa das Rosas, um centro cultural na avenida Paulista.

O longo intervalo transcorrido até a realização da entrevista tem a ver com uma característica marcante de Eduardo: a extrema cautela. Numa lista privada de estudiosos brasileiros de psicodélicos, ele tinha feito ressalvas a uma reportagem minha, das quais tomei conhecimento, e começamos a conversa por aí. Ele foi franco e cortês ao expor suas críticas de viva voz e explicou que sua relutância em conversar sobre sua pesquisa com MDMA decorria, na verdade, de não ter ainda publicado o artigo científico[13] sobre os três pacientes tratados no estudo-piloto que realizara com o casal de psicólogos Álvaro e Dora Jardim, de Goiânia, e com o médico Bruno Rasmussen Chaves, de Ourinhos (SP).

Sua expectativa era ver o texto editado ao longo de 2019, mas o trabalho ainda permaneceria vários meses em revisão por pares da comunidade científica e a publicação do artigo só viria a ocorrer em maio de 2020.[14] Antes de aceitar pedidos de entrevistas, os pesquisadores costumam aguardar a chancela dos pares acadêmicos para o trabalho, em especial quando o assunto são substâncias de consumo proibido pela legislação, como no caso dos psicodélicos. "Essa linha tênue é para mim, sempre, motivo de preocupação. A gente faz tanto esforço para fazer as coisas da forma legalizada, com autorizações da Anvisa e de outros governos, e, quando há situações que se aproximam dessa linha, podem surgir problemas", ponderou em nossa conversa. "Existe essa delicadeza [do tema], e ela vai existir por muitos anos ainda."

Em sua palestra[15] na conferência de Oakland, em 2017, Eduardo tinha sido enfático quanto à necessidade de realizar no Brasil estudos com MDMA para estresse pós-traumático, com vistas a implantar o modelo de psicoterapia assistida. Começou lembrando o massacre de 56 detentos numa prisão de Manaus, apenas três meses antes, metade deles decapitados. Contrariando talvez a imagem de um povo feliz, afetivo e festeiro da plateia dominada por americanos, o biomédico apresentou estatísticas de um país traumatizado, com 85% da população de São Paulo e Rio de Janeiro exposta à violência urbana e doméstica e estimados 5% dela diagnosticados com transtorno de estresse pós-traumático — um total de um milhão de pessoas apenas nessas duas metrópoles. Várias das cidades mais violentas do mundo ficam no Brasil, e só o estado de São Paulo conta com mais de 100 mil policiais militares, em sua maioria expostos de modo cotidiano a sofrimento psicológico, como vítimas e praticantes de violência.

"O trauma corre em nossas veias", resumiu Eduardo na apresentação. Ao final, informou que tomara MDMA como parte de sessões de treinamento em terapia assistida com Michael Mithoefer, em Charleston (Carolina do Sul, EUA): "Isso me deu poder e coragem para abrir meu coração e chegar mais perto de meus medos, tristezas e dores", contou, ilustrando com a experiência de um jovem neurocientista o efeito do MDMA na região cerebral da amídala que predispõe portadores de TEPT a reviver eventos traumáticos sem entrar em pânico ou se deprimir.

O biomédico obteve em 2016 a autorização necessária para importar e estocar MDMA no Brasil, quando então iniciou o processo de recrutamento de candidatos ao teste clínico de fase dois. Após sessenta entrevistas, foram selecionados quatro que satisfaziam os critérios de inclusão, mas um acabou desistindo para se tratar de uma infecção. Em paralelo,

Eduardo lançou um projeto de financiamento coletivo para custear o estudo, realizado à margem do conforto institucional oferecido por universidades e órgãos oficiais de fomento à pesquisa. As sessões de tratamento ocorreram em 2018, cerca de quatro anos depois de Eduardo ter a ideia, quando fez um curso com Michael Mithoefer na Inglaterra. Seu objetivo é treinar de trinta a cinquenta terapeutas brasileiros na metodologia estabelecida pela MAPS.

Voltamos a nos falar no final de maio de 2020, quando estava para terminar a redação deste livro e ainda alimentava a expectativa de entrevistar um dos pacientes que haviam participado do experimento em 2018, o que acabou não sendo possível. Foi quando me deu a boa notícia: seu artigo havia sido aceito para publicação num periódico médico nacional, o *Brazilian Journal of Psychiatry* (*Revista Brasileira de Psiquiatria*), o que aconteceria em poucas semanas, e me cedeu uma cópia do texto. Participaram duas mulheres e um homem na faixa de 35 a 41 anos, vítimas de abuso sexual, duas na infância e uma na vida adulta. Todos cumpriam os requisitos de diagnóstico de TEPT por pelo menos seis meses e já tinham enfrentado no mínimo um tratamento malsucedido.

Para aquilatar a gravidade do transtorno provocado pela violência, o estudo empregou um questionário padronizado conhecido pela sigla CAPS-4 (da sigla em inglês para escala de TEPT aplicada por médicos), com trinta perguntas sobre eventos traumáticos, sintomas experimentados ao revivê-los, com que frequência, alterações cognitivas ou de humor, e assim por diante. O critério de inclusão exigia escores acima de sessenta na escala, e os participantes selecionados partiram de 72, 78 e 90 pontos. Foram então submetidos a quinze sessões de psicoterapia, segundo o protocolo desenvolvido pela MAPS: três encontros preparatórios de noventa minutos, seguidos de três séries em que a sessão na qual tomavam MDMA (oito horas de duração sob acompanhamento do casal de terapeutas Álvaro e Dora Jardim) foi sucedida por outras três de integração de noventa minutos cada. As doses variaram entre 75 miligramas na primeira sessão e 125 miligramas nas subsequentes.

Dois meses após a última sessão de MDMA, todos os participantes apresentaram melhora significativa na aplicação da escala CAPS, com quedas de pelo menos 30% em seus escores, respectivamente para 8, 27 e 61 pontos. Mesmo reconhecendo que a amostra foi muito reduzida, Eduardo e seus colaboradores — entre eles Rick Doblin, Sidarta Ribeiro e Luís Fernando Tófoli — concluíram: "Considerando a limitação atual em tratamentos para TEPT seguros e eficazes e estudos recentes no exterior com número maior de pacientes, a psicoterapia assistida por MDMA pode tornar-se um tratamento viável no Brasil". Quase cinco anos se passaram entre obter a autorização para importar o MDMA sintetizado na Universidade Purdue (Indiana, EUA), via MAPS, e a publicação do artigo científico.

Obstáculos não são novidade na carreira científica de Eduardo. Ele conta que começara a se interessar pela pesquisa de psicodélicos uma década antes, por volta de 2003 ou 2004. No mestrado, foi cauteloso e buscou especializar-se em fisiologia. No doutorado, não encontrou orientadores dispostos a trabalhar com seu interesse principal, só portas fechadas, e assim se dedicou a um campo fundamental da psicofarmacologia, a eletrofisiologia, que abarca os dois mecanismos básicos do funcionamento do cérebro — a propagação de sinais entre neurônios por impulsos elétricos e pela liberação de neurotransmissores. Foi apenas no pós-doutorado com Dartiu Xavier da Silveira, psiquiatra da Unifesp com uma sólida linha de pesquisa em dependência química, que conseguiu enfim se concentrar no que mais lhe interessava, elegendo a ayahuasca como objeto de estudo.

Nessa nova etapa da carreira, recebeu uma bolsa da Fundação

de Amparo à Pesquisa do Estado de São Paulo (Fapesp) para estágio de pesquisa no exterior e foi aceito no Imperial College de Londres, em 2014. Lá, trabalhou no grupo de David Nutt que, em 2019, daria origem ao pioneiro Centro para Pesquisa Psicodélica. Era o lugar certo, na hora certa, para um jovem neurocientista com boa formação técnica. Eduardo acabou engajado no estudo que se tornaria, em abril de 2016, um dos artigos mais citados no mundo sobre a ação de psicodélicos no cérebro.[16] O grupo do Imperial College empregou três técnicas para obter imagens da atividade em regiões cerebrais, como a magnetoencefalografia, com o propósito de mapear alterações provocadas pela ingestão de LSD. Constataram o aumento da ativação no córtex visual e uma mudança na comunicação entre áreas específicas do cérebro que foram interpretados como correlatos dos efeitos mais conhecidos do LSD em altas doses, as alucinações e a chamada dissolução do ego (tema do próximo capítulo). Repetia-se, assim, o achado sobre o impacto visual vívido de outro psicodélico, a ayahuasca, publicado quatro anos antes por Dráulio de Araújo e Sidarta Ribeiro.[17] O MDMA, por sua vez, não desencadeia tais efeitos, razão pela qual normalmente não aparece na relação dos psicodélicos clássicos como a psilocibina de cogumelos e o LSD.

Quem atentar para as afiliações de pesquisadores listadas no artigo do Imperial College no prestigiado periódico da Academia Nacional de Ciência dos Estados Unidos, *Proceedings of the National Academy of Sciences* (PNAS), notará que aparecem duas para Eduardo. A primeira é a Unifesp, onde estava fazendo o pós-doutorado, e a outra indica o Instituto Plantando Consciência. Trata-se de uma organização sui generis criada pelo biomédico, na qual atuou com o casal de terapeutas Álvaro e Dora Jardim para realizar pesquisas psicodélicas fora da academia e, mais especificamente, tocar o teste clínico com MDMA para estresse pós-traumático. Há algo de quixotesco nessa proposta, em face da falta de incentivos no Brasil para startups, ainda mais numa área controversa como estudos biomédicos com o que genericamente se qualifica como "drogas". Mas a trajetória incomum de Eduardo já produziu resultados marcantes.

Para além do artigo no PNAS, que no começo de 2020 já contava com 311 citações na literatura científica, e do teste clínico com MDMA no Brasil, o pesquisador participou de outros estudos pioneiros. Um deles, realizado com Bruno Rasmussen Chaves e Dartiu Xavier da Silveira, se baseou em levantamento retrospectivo de 75 dependentes químicos tratados com uma única dose do psicodélico ibogaína e constatou que 61% se tornaram abstêmios; o *paper*[18] correspondente obtivera no mesmo período 49 menções por outros cientistas. Em outro artigo[19] bem citado até o início de 2020 (55 vezes), também em colaboração com Dartiu, mostrou, usando eletroencefalografia, que o efeito da ayahuasca no cérebro é bifásico, quer dizer, modifica primeiro o ritmo das ondas na parte lateral e posterior do cérebro, cinquenta minutos após a ingestão do chá, e depois em regiões mais frontais, entre 75 e 125 minutos depois.

Mencionar a quantidade de citações alcançadas pelos trabalhos de Eduardo não é pedantismo científico, mas uma medida objetiva da relevância atribuída a eles por outros pesquisadores. Só com muita cautela e persistência se chega a tais resultados — dentro ou fora da academia.

California Dreaming

A conferência Psychedelic Science 2017, realizada em Oakland, foi a terceira organizada pela MAPS. As edições anteriores aconteceram também na Califórnia, a primeira em 2010, na cidade de San

José, e a seguinte em 2013, já em Oakland. A de 2017, entretanto, vem sendo considerada como um divisor de águas para a chamada renascença psicodélica, coroamento de um longo processo para retirar as drogas psicodélicas do gueto exótico da contracultura e da ilegalidade e devolvê-las para o arsenal respeitável da farmacopeia psiquiátrica, com a promessa de revolucionar o tratamento dos males do século 21 — transtornos mentais como depressão, estresse, ansiedade e dependência química.

A primeira razão para destacar a reunião de 2017 como marco desse renascimento está nos mais de 3 mil inscritos, cerca de mil a mais que na conferência de 2013. Lá se encontrava, meio incógnito, o jornalista e escritor Michael Pollan, mais conhecido por seus livros sobre plantas e alimentos, como *O dilema do onívoro*. Ele estava preparando um livro que se tornaria best-seller, encabeçando a lista dos mais vendidos do jornal *The New York Times*, *Como mudar sua mente*: *O que a nova ciência das substâncias psicodélicas pode nos ensinar sobre consciência, morte, vícios, depressão e transcendência*. A obra, publicada no ano seguinte, se transformaria no principal veículo de popularização da nova onda, colhendo uma enxurrada de resenhas positivas e entronizando Pollan na seleção dos heróis da resistência psicodélica com seu relato franco de experiências pessoais e um amplo panorama das pesquisas científicas com essas drogas.

Rick Doblin, a grande estrela da Psychedelic Science 2017, celebrava ali os estágios finais da conversão do ecstasy — droga proibida, mas popular entre os filhos e netos da contracultura mergulhados no transe rítmico das raves — em MDMA, um remédio inovador para dar cabo do estresse pós-traumático de veteranos. Nesse mesmo ano a substância ganhou o status de *breakthrough therapy* da FDA, e no ano seguinte veio dela a aprovação para que se realizassem os testes clínicos de fase três, ora em andamento. Foi um lance habilidoso de Rick e da MAPS: destacar um composto psicodélico de efeito limpo e não alucinogênico do arco-íris de drogas, fungos e plantas mais poderosos como modificadores de consciência cultuados pela massa de frequentadores alternativos da conferência, e priorizar esse primo comportado do LSD na terapia da doença mental que destrói veteranos de guerra, que por isso contava com a compaixão de todos os americanos, republicanos ou democratas, conservadores ou liberais, belicosos ou pacifistas.

A dicotomia, entretanto, estava presente nos salões e corredores do hotel Marriott em Oakland, seja na forma da oposição entre os usos médico e recreativo dos psicodélicos, seja na tensão entre neurocientistas e estudiosos ou praticantes de rituais xamânicos, seja nas diferenças marcantes de roupas e adereços entre os frequentadores das apresentações oficiais e os do salão Marketplace, onde se exibia toda a parafernália psicodélica. Ali predominavam as cores do arco-íris nas roupas de batique, nos cabelos tingidos, nos quadros e nas tapeçarias à venda, assim como no palco, onde se realizavam mesas-redondas com terapeutas alternativos sobre os benefícios de experiências místicas e a sabedoria das plantas. A busca de respeitabilidade exigiu de Rick que fizesse um apelo, acompanhado de um sorriso maroto, para que os participantes da conferência não consumissem substâncias ilícitas no hotel. À porta dele, um nicho com três paredes na calçada da rua foi guarnecido com sofás, tapetes e tecidos ornamentais para compor um *lounge* onde se fumava maconha — legalmente, em Oakland.

Minha experiência anterior com psicodélicos se limitava a um único contato com LSD, 45 anos antes, quando dividi com uma namorada o *blotter* enviado numa carta pelo irmão dela que morava em Amsterdã. Não cheguei a ter as manifestações exuberantes que esperava. Ao tomar conhecimento da conferência em Oakland, meio por acaso, talvez numa mensagem de correio eletrônico, minha primeira reação foi de ceticismo. Parecia haver uma contradição na expressão "ciência psicodélica". No entanto, a curiosidade, movida pela intuição de que poderia nascer dali uma reportagem interessante, levou a uma consulta da programação, na qual figuravam os nomes de alguns brasileiros, entre eles o neurocientista Sidarta Ribeiro. Foi o quanto bastou para motivar uma proposta de cobrir o evento para a *Folha de S.Paulo*, em boa hora aprovada.

Como já mencionado, conhecia Sidarta desde 2004, quando fomos apresentados pelo neurocientista Miguel Nicolelis em Durham (Carolina do Norte, EUA), então seu chefe na Universidade Duke. O jovem biólogo se destacava num dos dois laboratórios — o dos roedores — do médico brasileiro na instituição; o outro, dos macacos, era responsabilidade de um pesquisador russo. Nicolelis o designou para ser meu cicerone durante os cinco dias de permanência na cidade. Foram muitas conversas sobre eletrodos implantados dentro do crânio de ratos para captar sinais de neurônios individuais e sobre alterações nos cérebros de pássaros canoros, mas a visita incluiu também incursões a restaurantes mexicanos e vietnamitas e a uma roda de capoeira, em que Sidarta — o Piloto — se esbaldava na ginga e no berimbau. À pergunta sobre a razão de ter dois monitores grandes de vídeo na estação de trabalho, o brasiliense com doutorado na Universidade Rockefeller respondeu com o sorriso largo que lhe ilumina a face e os olhos com frequência: "Porque ainda não posso ter quatro".

Começava ali uma relação firme de confiança entre fonte e jornalista que resistiria a alguns percalços até se consolidar como uma forma de amizade, alimentada por humor, curiosidade científica e admiração compartilhada pela obra de Sigmund Freud. Tempos depois tive uma recepção calorosa da parte de Sidarta na primeira sede do Instituto Internacional de Neurociências de Natal Edmond e Lily Safra (IINN-ELS), em 2008, quando o papel de cobaia num experimento sobre sono e memória motivou uma reportagem para a revista *piauí*.[20] Nicolelis, seu mentor, já se indispusera com a maioria dos jornalistas de ciência do Brasil, mas o pupilo se manteve fiel à frente do IINN-ELS até julho de 2011, quando uma dissidência levou Sidarta e vários outros pesquisadores a se transferirem para o recém-criado Instituto do Cérebro da UFRN.

Sidarta sempre foi mais que um neurocientista, quase um agitador. Sabia de sua militância no movimento pela regulamentação da cannabis por ser o coautor, ao lado de Renato Malcher-Lopes, do livro *Maconha, cérebro e saúde*, mas não de sua pesquisa sobre ayahuasca com Dráulio de Araújo. Essa faceta ficou mais saliente na reunião de 2017 em Oakland, onde Sidarta apresentou a palestra "Organismos inteiros ou compostos puros? O efeito comitiva versus especificidade do fármaco",[21] na qual defendia as vantagens de combinações naturais de compostos, como THC e CBD na maconha, DMT e harminas na ayahuasca e outros produtos usados há milênios por xamãs para alcançar estados alterados de consciência — ou viajar de um mundo a outro, como eles diriam. Sua apresentação resultou numa tentativa muito aplaudida de dissolver a tensão da conferência entre as ciências naturais (*hard science*) e o universo alternativo da psicodelia. Ele transita bem entre as duas esferas por ter percorrido um caminho incomum na sua geração, começando por uma formação sólida e precoce nas primeiras, seguida de incursões tardias no segundo.

Durante a graduação em biologia na Universidade de Brasília (UNB), conta Sidarta, ele tinha uma visão negativa das drogas. Na adolescência, a maconha não lhe provocara efeito perceptível. Isso mudou aos 21, em uma viagem solitária de seis meses pela América Latina. Em Chiloé, ilha chilena próxima de Puerto Montt, fumou cannabis com um grupo de amigos recentes e viveu sua primeira experiência psicodélica, algo no mínimo incomum com essa planta: de olhos fechados, teve visões fortes em que lhe parecia estar enxergando os próprios pensamentos, as malhas neuronais em atividade. Preparava-se para voltar ao Brasil e seguir carreira como pesquisador em microbiologia, mas decidiu no Chile que iria estudar o cérebro. "Tive a intuição de que ali estava a fronteira do conhecimento."

Não seria fácil. Após um mestrado rápido na Universidade Federal do Rio de Janeiro trabalhando com gatos e macacos, em seu doutorado na Rockefeller prosseguiu os estudos com cérebros, mas agora de aves. No grupo de seus orientadores estavam o argentino Fernando Nottebohm e o brasileiro Cláudio Mello. Em paralelo lia tudo que encontrava sobre sonhos e, num laboratório vizinho, pesquisava o sono em ratos, a pesquisa paralela que chama de "doutorado do B". Seguiria na companhia dos roedores durante o pós-doutorado com Nicolelis na Duke, período em que teve seu primeiro contato com o MDMA (o LSD e a psilocibina ele já havia experimentado em Brasília, depois do périplo latino-americano). "Aumentou a vontade de estudar aquilo, percebi que tinha muito a ver com sonhos."

A oportunidade de iniciar-se em ciência psicodélica propriamente dita surgiu em Ribeirão Preto (SP), sede de um produtivo campus de ciência biomédica da Universidade de São Paulo. Ali trabalhava, como pesquisador de sistemas para obter imagens do cérebro, um colega de ensino médio em Brasília, Dráulio de Araújo. Durante uma visita à cidade, foram juntos tomar ayahuasca no centro do Santo Daime Rainha do Céu, mantido por Pelicano, o já mencionado irmão do cartunista Glauco. De posse de uma boa quantidade de ayahuasca doada para estudos, Sidarta tomou um copo cheio e conta que teve "uma baita viagem". Convenceu-se de que estudar o chá e compostos afins era uma prioridade: "Se a consciência é um processo fisiológico, então os psicodélicos são substâncias de interesse [para a neurociência] porque variam as propriedades da consciência de maneira dose-dependente", explicou numa entrevista em março de 2019. Num fim de tarde daquela estadia em Ribeirão, Dráulio e Sidarta conceberam o experimento que resultaria nas primeiras imagens com ressonância magnética funcional do cérebro humano sob efeito de um psicodélico, ayahuasca no caso.

A conferência de 2017 em Oakland representou também um divisor de águas pessoal, que agregaria, aos quase sessenta anos de idade, um novo campo à minha carreira de jornalista de ciência, depois de quatro décadas dedicadas principalmente a meio ambiente, biologia molecular e evolução. Ali reencontrei Sidarta e Stevens "Bitty" Rehen, pesquisador da UFRJ que conhecia de reportagens sobre células-tronco. Mais ainda, conversei pela primeira vez com Luís Fernando Tófoli, psiquiatra da Unicamp e coautor no estudo de Dráulio sobre ayahuasca e depressão, e com Bia Labate, antropóloga com extensa produção bibliográfica sobre as religiões do daime. Descobri ali, por fim, os estudos com psicodélicos de outros brasileiros, Eduardo Schenberg e Bruno Rasmussen Chaves entre eles.

O mais impactante de um ponto de vista jornalístico, contudo, foi tomar conhecimento da iminência de testes clínicos de fase três com MDMA para tratar transtornos de estresse pós-traumático. O trabalho liderado pela MAPS de Rick Doblin era virtualmente desconhecido pelo público no Brasil e, como diz Eduardo com muita razão, não faltam violência e traumas em nosso país, tornados ainda mais agudos durante a Presidência do capitão Jair Bolsonaro. O que era para ser uma reportagem convencional sobre pesquisa de relevância para a saúde pública se enriqueceu com o relato de uma viagem pessoal ao domínio dos psicodélicos.[22]

Em reuniões científicas mundo afora, vários participantes consideram que o ponto alto são as festas paralelas, nas quais pesquisadores podem dissipar as tensões da competição e do desempenho em embates intelectuais. Imagine, então, quando mais de 3 mil pessoas se encontram para debater nada menos que a ciência psicodélica: as baladas se multiplicam e, apesar da recomendação de segurança feita por Rick na abertura do evento sobre consumo de substâncias ilícitas nos recintos do hotel Marriott, não são poucos os festeiros que recorrem à química para apimentar danças, conversas e encontros.

Assim foi que terminei participando de uma festa privada num dos quartos do Marriott, para a qual um pesquisador americano contribuiu com uma boa provisão de MDMA. Não o ecstasy encontrável nas raves, produto em geral misturado com outras substâncias como anfetaminas, mas o composto puro, com alta qualidade comprovada em laboratório. Um tanto cético quanto ao potencial terapêutico da droga, embora surpreendido com o teor emocional daquele depoimento em vídeo do veterano Nick, decidi seguir o exemplo de Sasha Shulgin e partir para a fenomenologia, vale dizer, experimentar em meu próprio corpo — e mente — os efeitos de 120 miligramas do psicodélico com maior chance de chegar ao mercado como tratamento.

Passada uma hora da ingestão, parecia que nada iria acontecer. O grupo de dez pessoas sentiu a necessidade de deixar o ambiente acanhado do quarto e rumar para uma casa noturna a duas quadras do hotel. Já na calçada, o ceticismo com o MDMA começou a se dissolver numa sensação crescente de leveza. As pernas pareciam a caminho de se desmaterializarem, mas nem por isso causavam apreensão nem impediam a percepção do vigor compassado das pisadas sobre o pavimento. Na porta da balada encontramos mais participantes da Psychedelic Science 2017, mas o grupo se dividiu: metade queria ficar e dançar, a outra metade bateu em retirada para a conforto do hotel.

De volta ao quarto, entabulei conversas sobre sentimentos íntimos acerca de netos com uma moça de quem nem mesmo sabia o nome. A diferença de idade — ela parecia mais nova que minhas filhas — não representou empecilho para falar longamente de afetos, descobertas e júbilo. A maré de emoção era genuína, sem inibição ou exibicionismo, movida por uma profunda necessidade de compartilhar. A jovem se mostrava de fato interessada no derrame sentimental, ou quem sabe era uma terapeuta treinada para ouvir — pouco importava, naquele momento. No sofá em frente da cama em que o monólogo acontecia, pesquisadores se abraçavam, celebrando sem pudor a dádiva da amizade.

A experiência permitiu de imediato entender por que o MDMA e outros psicodélicos de efeitos similares podem ter sucesso como adjuvantes na psicoterapia para transtornos mentais como o estresse pós-traumático e a depressão. Ganhar clareza sobre os próprios sentimentos e ser capaz de falar com terceiros sobre eles, sejam jubilosos ou traumáticos, está na base de processos psicoterapêuticos e, de resto, da metodologia de grupos de autoajuda como Alcoólicos Anônimos e Narcóticos Anônimos. Terminada a festa, segui direto para o aeroporto e, em meio à conversa com a motorista de aplicativo, firmou-se a certeza de que havia uma grande história para contar sobre o potencial do MDMA para tratar gente traumatizada como Nicholas Blackston.

Além disso, percebi que a antítese entre uso recreativo de psicodélicos e sua redescoberta como potenciais medicamentos psiquiátricos era uma criação artificial de quem gostaria de se livrar da bagagem pesada da contracultura, pois ambas as situações têm em comum a busca por apaziguar a mente e ampliar a consciência.

O que eu não sabia, naquela altura, era que Sidarta, Dráulio, Stevens e Tófoli tinham iniciado ali em Oakland os contatos para uma parceria que viria a turbinar a ciência psicodélica brasileira e ainda daria o que falar.

Lysergsäurediäthylamid

A dietilamida do ácido lisérgico — *Lysergsäurediäthylamid*, na grafia original do alemão, da qual provém a abreviação LSD — evocará sempre, para mim, o binômio paz e amor. Não pelo lema criado nos idos da contracultura dos anos 1960-70, e sim pelos efeitos concretos que proporcionou em momentos da minha vida muito diversos e distantes um do outro.

Nascido em 1957, fui mais um espectador adolescente de reverberações da prometida Era de Aquário do que um participante maduro. Filho não de hippies, mas de um casal de contadores generosos, usufruí com meus irmãos mais velhos, muito cedo, de uma enorme liberdade para viajar — pelo Brasil, pelas drogas, pelas promessas do sexo, pelas delícias e dores possíveis num país embotado pela ditadura militar. Foi com a primeira namorada, ali pelos quinze anos, minha primeira experiência com ácido, e poucas vezes vivi momentos tão intensos de serenidade, em contato íntimo com a natureza, e de afeto por uma pessoa.

Marisa (nome fictício) e eu começamos a namorar em Ubatuba, na praia Vermelha do Tenório. Descobrimos várias coisas juntos, em meio a sal, suor, banhos de mar e o verde da Mata Atlântica (anos depois, ela iria morar em definitivo na cidade do Litoral Norte paulista, até a morte por câncer). Ela tinha um irmão mais velho, e portanto mais próximo das revoltas de 1968, que largou mão do Brasil e foi morar em Amsterdã. De lá, escrevia cartas amorosas para a irmã deixada para trás, e numa delas enviou como presente um quadradinho de papel verde-claro, parecido com mata-borrão, embebido em LSD (um *blotter*). Decidimos reparti-lo e passamos a planejar com cuidado como e onde faríamos a viagem.

Enforcamos a aula no colégio da Zona Sul paulistana onde cursávamos a quarta e última série do ginásio (hoje nono ano do ensino fundamental). Tomamos um ônibus para o Jardim Botânico, quase deserto naquele dia de semana, cortamos o papelzinho com uma lâmina de barbear e engolimos cada um a sua metade. O efeito demorou a chegar e foi sutil, quase decepcionante. Não tivemos os famosos "visuais" de que meus irmãos e amigos tanto falavam. Foram horas de contemplação silenciosa das árvores, entremeada por carícias e raras palavras, ambos mergulhados em introspecção. A forte expectativa por alucinações só foi parcialmente aplacada pelo movimento quase imperceptível do gramado à nossa frente, como se fosse o peito de uma criança adormecida a respirar, e por um atento escrutínio das figuras geométricas num trecho diminuto de pele em que cheguei a divisar o que me pareceram ser células.

Umas cinco horas depois, precisamos voltar para a casa de Marisa no Paraíso, onde eu jantava quase todos os dias. No ônibus, demos vários e demorados beijos na boca. As pessoas viravam a cabeça, espantadas com nossa sem-cerimônia, mas por uma vez na vida os olhares e julgamentos alheios deixaram de ter importância. Estávamos em paz com o mundo, e um com o outro. Nos anos seguintes nossos caminhos se separaram, mas permaneceu a paixão comum pela natureza.

Dependente de mesada, sobrava pouco para sequer pensar em comprar LSD, droga cara na época. Maconha, a mais popular, desencadeava acentuadas preocupações paranoicas, medo de chamar a atenção, de ser preso pela polícia (cheguei a ser detido uma vez na Bela Vista, sem droga alguma, e fui levado ao pátio do 4º Distrito Policial, na Consolação, onde fiquei com as prostitutas por ser menor de idade). Ainda antes dos vinte anos me afastei da cannabis, e depois só tive poucas experiências com cocaína, da qual também me distanciei por pressentir que facilmente degeneraria em dependência. Fiz o mesmo com o tabaco, que fumava desde os treze. Só quatro décadas depois retomaria as substâncias psicoativas — exceto álcool —, e o reencontro feliz se deu com o LSD e, de novo, com a natureza.

A praia era bem diferente daquelas da infância e da adolescência em Ubatuba, encurtadas por morros cobertos de mata. À vista, naquele dia ensolarado de novembro em 2018, havia coqueiros e pedras achatadas de recifes aflorados na longa faixa de areia, que em nada lembravam os matacões arredondados de basalto sobre os quais, criança, saltava com segurança nos cantos das enseadas do litoral paulista. Fazia pouco mais de uma hora que ingerira 75 microgramas de ácido lisérgico puro, dose que os especialistas chamam de "psicolítica", suficiente para quebrar defesas psíquicas mas não para a dissolução do ego. Já sentia um crescente tremor interno, com epicentro no peito, que naquela tarde apelidei de "frêmito" — uma palavra de vaga inspiração simbolista que seguiria comigo nas viagens a partir de então, de passo com "paz" e "amor".

Meu acompanhante perguntara antes se preferiria que ele permanecesse sóbrio, para apoio no caso de solavancos durante a viagem, e eu disse que sim, preferia. Também por prudência mantivemos a dose baixa, suficiente para levar até a rebentação, mas com menos probabilidade de me arrastar ao mar aberto da psicodelia. Recomendou que escolhesse um tipo de música de que gostasse (fiquei com Madeleine Peyroux e Nina Simone), contemplasse a expansão de natureza e me concentrasse num intento específico para aquela experiência.

O propósito visado foi bipartido. De imediato, fixei uma intenção pragmática, instrumental, de ordem jornalística: obter experiência própria sobre o efeito do LSD, de modo a escrever com mais autoridade sobre ele, talvez ter um vislumbre do potencial terapêutico dessa experiência e captar de maneira mais concreta o que a neurociência vem revelando sobre sua ação. Em segundo lugar, como efeito colateral desejável, quem sabe lançar alguma luz sobre o momento de passagem, aos 61 anos, em que um movimento geral, positivo, de aceitação apaziguadora — menos pânico diante da ideia de morrer, por exemplo — se separa e se destaca da melancolia básica conformadora de minha maneira de ver as coisas.

Estacionado o carro, caminhamos até uma ponta com muitas pedras de recife, tentando conversar um pouco menos sobre a política brasileira (algo inevitável após a eleição de Jair Bolsonaro, quase dois meses antes). Procuramos um local com menos pedras para entrar no mar.

Nessa altura me encontrava em estado claramente alterado. Sentia uma palpitação, quase um trepidar, não muito diferente do que causara a primeira experiência com ayahuasca, meses antes, mas sem a inquietante sensação de derretimento iminente. Sentado numa parte rasa do mar, com água pela altura da barriga, procurava palavras para descrever a sensação. Em paralelo, a conversa seguia a todo vapor, indicando uma dissociação entre pensamentos exteriorizados exigidos pelo diálogo e o fluxo interno de ideias e sentimentos. Forte sensação de que alguma coisa poderia acontecer a qualquer momento, algo significativo.

O companheiro se afastou e sugeriu que eu retomasse o que havia fixado como intento. Sozinho, o barco zarpou. Fixei-me no horizonte e numa intrigante dificuldade para divisar o limite entre céu e mar, o que mais tarde descobriria ser um efeito comum, *border blurring* (embaçamento de limiares, pode-se dizer). A cor da água estava mais intensa, e conseguia perceber diferenças de caráter essencial nos tons de verde, embora consciente de que se tratava de um contínuo, um degradê, fruto do aumento de sensibilidade visual que um neurocientista designaria como saliência perceptual. Ao mesmo tempo, ainda que o verde-esmeralda escuro que enxergava na última faixa do oceano se destacasse vivamente do azul do céu, acreditava ter compreendido que havia um parentesco forte entre eles, quase um contínuo. Matizes apartados e próximos, simultaneamente, manifestação propiciada por outro gênero de acuidade, menos cartesiana, que naquele momento destacava e unia razão com sentimento.

A percepção conduziu a mente, num deslize metafórico, ao horizonte das relações familiares. Como o mar revolto das mágoas, ressentimentos e perrengues na vida com pais e irmãos perdem a turbidez à medida que nos distanciamos do momento presente e alongamos o olhar (em direção ao passado, no caso), para dar lugar a sentimentos fortes, luminosos na maioria, lembranças caras, mas sem ocultar tons escuros e profundidades ameaçadoras. Ao mesmo tempo, sentia como carícia o fluxo da água sobre a pele, com o movimento das ondas, tanto mais apaziguador quanto menos eu resistia ao balanço. Entregar-me a ele transportou-me para o colo de minha mãe, mas não em imagens, só a sensação pura de conforto, quase abstrata. Um instante de abandono e alívio, como ao deixar a urina correr, apesar dos reflexos de contenção produzidos pelas ondulações do mar. De pronto associei isso com o componente da tristeza em meu intento: deixá-la sair, esvair-se no imenso volume, não a reter sob a couraça tecida de controle, seriedade e competência. Foi como se uma parte do eu voltasse a ser criança, sob a observação atenta e cuidadosa da outra parte, adulta.

Olhei para o céu e experimentei pela primeira vez no dia a dúvida sobre a realidade do que estava enxergando (embora em momento algum tenha concluído que as alterações implicassem acesso ou transporte a uma realidade maior, oculta, a experiência mística que tantos atribuem aos psicodélicos). As nuvens se moviam e deformavam com velocidade improvável, quase vivas. Metamorfoseavam-se em figuras de histórias em quadrinhos, corpos de mulher e outras imagens, mas foi quando apareceu um mapa do Reino Unido que o tema familiar ressurgiu com força avassaladora. Fui inundado pela memória boa da viagem a Londres em 1976, aos dezoito anos, para visitar de surpresa Celso, meu irmão mais velho e mais corajoso que largara tudo para lavar pratos e passar aspirador em carpetes numa cidade muito mais lúgubre do que é hoje. Conectei-me com o que ele tinha sido até então para mim, uma espécie de guru abridor de caminhos que me esforçaria por trilhar depois, e não tanto a pessoa de quem outras veredas me afastaram. Foi como mudar o rádio de uma estação em AM para a mesma emissora em FM — um som muito mais límpido, envolvente, preenchedor. Depois, mais sóbrio, concluiria que um resíduo importante da viagem de LSD tinha sido a constatação, um tanto óbvia, mas nem por isso menos terapêutica, de que se distanciar dos conflitos familiares não chega a ser uma forma de resolvê-los, ou dissolvê-los.

Saí do mar. Deitei-me ao sol, diretamente sobre a areia. Mexia devagar os dedos sobre ela, o que produziu uma sensação forte, táctil, de intimidade. De olhos fechados, vi na tela das pálpebras figuras coloridas cheias de ondulações que se pareciam com alguns quadros psicodélicos, mas sem espanto, pois não se apresentavam como realidade externa. Não sentia a necessidade imperiosa de abrir os olhos para interromper o fluxo perturbador experimentado sob efeito da primeira ayahuasca, até porque não havia sensações inquietantes como a de esvaziamento. Ao abrir os olhos, surpreendi-me com o céu azul quase limpo; as nuvens que nos instantes anteriores estavam ali (assim acreditava) haviam desaparecido num átimo. A percepção do tempo estava muito alterada, produto de descontinuidades no processamento neural: perde-se a capacidade de acompanhar a lenta transformação da cena visual e, ao monitorar posições de objetos, a pessoa se dá conta de que eles saem de um ponto e logo estão em outro, como se tivesse perdido a informação sobre o trajeto e ficado só com o ponto de partida e de chegada.

Abri os olhos e dei com o companheiro caminhando bem em frente, junto ao mar, como quem procura algo — nossas sandálias levadas pela maré montante. Vi que ele corria até as pedras em que tinham ficado roupas, toalhas e uma sacola que as águas já lambiam. O telefone celular dentro da bolsa terminou como única vítima da tarde de consciência alterada: morreu conectado a uma bateria externa, que também se foi. No embalo do LSD, a perda não se revestiu da menor importância. Espalhamos os objetos para secarem ao sol, num lugar mais seguro, e retomei a viagem.

Sentado diante de uma poça de água do mar com algumas rochas, tive a segunda experiência do dia com esquisitice visual. A pedra mais próxima começou a se mexer discretamente, como se estivesse viva, pouco mais que um discreto movimento de respiração. Distingui claramente a face de um animal na ponta voltada para mim, às vezes com as feições de meu cachorro, um terrier escocês chamado Snip, às vezes de uma leoa, mas tudo isso sem perder a textura rochosa e marinha e sem ameaçar se levantar e andar (como cheguei a temer). Havia algo de melancólico naquela aparição, que em retrospecto associei com a tristeza não raro misturada com irritação quando via Snip sucumbir ao comportamento compulsivo de lamber as patas até se ferir (após um mês, apenas, ele foi diagnosticado com câncer inoperável de fígado; morreu um ano depois, em novembro de 2019).

Afora os momentos de introspecção no mar e deitado na areia, por todo o tempo a conversa seguia desenfreada. Participava dela de maneira cindida, compreendendo num plano tudo que o amigo dizia, e reagia com comentários e perguntas pertinentes, ainda que raros, mas, noutro plano, sem fazer ideia do que estávamos falando (depois ouviria do cicerone que meu comportamento parecia perfeitamente normal e que a conversa de fato fluía sem lapsos de minha parte). Era como se a mente fosse um mosaico de processos neurais desarticulados entre si. A lógica das associações estava afrouxada, mas não o suficiente para afetar a compreensão do diálogo. A parte motora, necessária para a expressão verbal, estava quase letárgica. Pensamentos a mil, meio desconectados do diálogo, mas com emissão de palavras congruentes apesar da enorme preguiça de falar. Mesmo ocupada com o diálogo, a audição estava turbinada, assim como a visão e o tato (continuava remexendo prazerosamente a areia com as pontas dos dedos). Uma ave branca, gaivota pequena, voou na periferia do campo de visão, muito perto, e de imediato me voltei; era como se o animal se sentisse atraído por mim e eu por ele. "Nesse estado, os bichos começam a falar com a gente", disse meu acompanhante. Era uma metáfora, e assim permaneceu, para meu sossego (a segurança da rebentação, enquanto há chão sob os pés).

Decidimos comer alguma coisa. No percurso de carro, fumamos um pouco de maconha. Acomodados num terraço com vista para a imensidão do mar, pedimos suco de laranja, água de coco e peixada. A acidez cítrica na boca seca dava um prazer quase dolorido. Comi pouco, já engolfado por nova e forte onda psicodélica, um pouco diferente, provavelmente efeito dos adjuvantes na cannabis. Havia traços de preocupação com o contexto social, ou seja, pelo risco de alguém encrencar com meu estado alterado, mas nada paralisante como a paranoia que experimentava repetidamente na adolescência e que me levou a desistir da marijuana.

Programas há muito instalados na cabeça garantiam o desempenho normal nas funções triviais: comer com garfo e faca, servir-se com a colher sem esparramar comida pela mesa, calcular de cabeça a divisão da conta, pagar com cartão de crédito, acertar a senha, pedir recibo, falar, falar, falar. Se alguém entreouviu nosso diálogo, pode até ter achado complicado de entender, mas não delirante. Coisa de nerd, não de maluco. Mal sabiam eles: eu entendia tudo e não entendia nada, como se a floresta densa e quieta de meus neurônios tivesse sido invadida de repente por uma horda de insetos, pássaros e morcegos polinizadores, dando origem a um surto de fertilização, uma algazarra dionisíaca em que dançavam juntos clareza conceitual e sensações não lapidadas.

Nessa altura, a sobriedade começava a se insinuar, o que percebia por me preocupar de tempos em tempos com o falecimento do celular. No pôr do sol, o restaurante ia fechar, e fomos embora. No apartamento do acompanhante tomei um banho, e o efeito diminuiu mais um tanto sob a água fria. Pedi um telefone emprestado para ligar para minha mulher e dar notícias: sim, estava tudo bem, tinha passado um dia maravilhoso na praia, apesar do celular desacordado.

Surpreendi-me ao perceber que estava montando na onda de novo, subindo, subindo, como se fosse atravessar a rebentação. O novo vagalhão era provavelmente efeito de uma conjunção dos efeitos da maconha com a liberação paulatina para o cérebro de moléculas de LSD retidas nos receptores de serotonina da família 5-HT2 presentes no sistema gástrico, onde essa molécula também exerce importantes funções na regulação dos movimentos do intestino. Mais de 90% da serotonina presente no corpo é sintetizada no trato intestinal, uma produção estimulada, curiosamente, por algumas espécies da microbiota, a miríade de bactérias ali presente.[1] O efeito psicodélico propriamente dito depende de que uma parte das moléculas de LSD ingeridas chegue aos receptores 5-HT2 no cérebro, mas outra parte age ali mesmo, localmente, e algumas pessoas chegam a sentir vontade de evacuar no começo da viagem lisérgica.

O LSD é uma das drogas mais potentes que se conhece. Bastam quantidades diminutas — a partir de cinquenta microgramas, ou milionésimos de gramas — para dilatar as pupilas, aumentar os batimentos cardíacos, provocar sudorese, perda de apetite e as famosas distorções na percepção. Em cerca de uma hora, entretanto, a substância desaparece da circulação sanguínea, mas seus efeitos psíquicos permanecem por várias horas. Tanto a extraordinária potência quanto a ação prolongada parecem decorrer de propriedades peculiares da molécula quando ela se encaixa no receptor de serotonina de tipo 5-HT2, desencadeando as cascatas bioquímicas no interior dos neurônios e na comunicação entre eles que alteram a consciência. Tanto a serotonina quanto o ácido lisérgico se acoplam ao receptor na superfície do neurônio como uma chave de carro na ignição, mas a molécula do LSD consegue fazê-lo com maior eficiência, permanecendo ali por cinco horas ou mais. Tamanha duração é algo incomum nesse tipo de interação bioquímica, e parece ocorrer porque uma parte do conjunto LSD-receptor se move e cobre como uma tampa a própria molécula do LSD, dificultando seu desligamento (como se a chave afundasse na ignição e não pudesse mais ser retirada).[2]

Cinco horas. Foi mais ou menos esse o tempo transcorrido entre o início da minha viagem e o disparo de seu segundo estágio, de volta ao apartamento. Por essa razão deduzi depois que algumas das moléculas de LSD desgarradas do intestino tenham achado um caminho até o cérebro e dado novo impulso à alteração da consciência, em cumplicidade com canabinoides da maconha que também atuam sobre a família 5-HT2. Qualquer que tenha sido o mecanismo, foi um bônus bem-vindo mergulhar de novo no mar psicodélico.

Por alguns instantes fiquei sozinho na sala, recostado no sofá. Com os olhos fechados, passei pela terceira experiência sensorial distorcida da jornada: sentia a sala como espaço muito maior, o recinto de uma catedral gótica, caracterizado não por gárgulas nem abóbodas e suas nervuras, mas pela verticalidade e pelo formato ogival. Tinha algo de sinestésico, porque a forma que eu intuía, mais que enxergava, não era visual, e sim delineada pela propagação do som. Uma catedral transparente, cuja forma eu divisava porque se tornava aparente o volume em que o som reverberava — um tanto como a poeira normalmente invisível do ar revela a trajetória e a espessura completas do raio de luz que penetra pela fresta da janela.

Encomendamos pizzas para o jantar, que demoraram a chegar. Acompanhei a longa conversa sobre Bolsonaro e o Brasil sem ideia clara do que estava entendendo, mas tudo indica que fazendo intervenções pertinentes. Rimos muito, apesar de tudo. Comemos as pizzas, tomei um copo de vinho branco. Após o jantar voltei à casa em que estava hospedado, chegando às onze horas, e ainda tomei alguns copos de cerveja com os anfitriões.

Já no quarto, a preocupação com as questões práticas da vida fez abrir o computador para responder as mensagens do dia. Li algumas notícias e vi Bolsonaro retrucar, diante das observações sobre o número de militares por ele nomeados para o governo, que ninguém se queixara quando Lula e Dilma tinham chamado "terroristas" para o ministério. Neste caso, não foi o efeito residual do LSD (ainda presente após mais de dez horas) que me transportou para um passado escuro e ameaçador, mas a pura e bruta lembrança da ditadura militar. Dormi um sono profundo, por cerca de cinco horas, e acordei com dor de cabeça. Não me lembrei de nenhum sonho ao despertar, como em geral acontece. Comecei a escrever este relato sem verificar os sinais vitais do celular que jazia em sua tumba de arroz, na vaga esperança de uma ressurreição desumidificada. Perda pequena, facilmente superada com a compra de um aparelho novo, mas o desapego lisérgico que ela evidenciou voltaria para ajudar na passagem por momentos bem mais difíceis ao longo de 2019.

Fungo louco

Outros efeitos de substâncias lisérgicas no organismo nem sempre envolvem prazer e bem-estar — ao contrário. A intoxicação conhecida como Fogo de Santo Antônio, ou ergotismo, matou muita gente na Idade Média até que um médico francês identificasse como sua causa, em 1670, o fungo parasita *Claviceps purpurea*, que ataca o centeio. O esporão escuro brotado das espigas do cereal acabava moído com os grãos na fabricação de farinha e, uma vez ingerido, provocava dores e gangrena nas extremidades dos membros, por força de sua enorme capacidade de contrair vasos sanguíneos, interrompendo a circulação. A enfermidade costumava ser acompanhada de manias e alucinações, como a sensação de voar, provocadas por compostos alcaloides como a ergotamina e a ergolina, parentes do que ficaria conhecido como ácido lisérgico (palavra formada a partir do grego para quebra ou dissolução, *lýsis*, e a primeira parte do nome comum do fungo, *ergot*, por sua vez derivado de um termo antigo do francês para "esporão"). Mas só em meados do século 19 se tornou plenamente aceita a ligação entre a doença e o fungo *C. purpurea*.

O envenenamento também estava associado a abortos espontâneos, o que levou à utilização de extratos do esporão-do-centeio para acelerar partos ou produzir abortamento, uso medicinal que teve uma primeira menção na literatura em 1582, pelo médico Adam Lonitzer, de Frankfurt, mas só se propagou no século 19.[3] Essa propriedade foi uma das razões para o fungo chamar a atenção dos Laboratórios Sandoz, na Basileia suíça, onde o químico Albert Hofmann começou a trabalhar em 1929. Designado para investigar extratos de plantas medicinais, ele conseguiu sintetizar alcaloides do ergot, trabalho que conduziria a um composto de ácido lisérgico para conter hemorragias e induzir contrações uterinas, comercializado sob o nome Methergin (metilergometrina), ainda hoje em uso. Hofmann seguiu sintetizando novas fórmulas com ácido lisérgico, que, no entanto, não apresentavam atividade obstétrica de modo destacado. Em 1938 chegou à 25ª fórmula da série, rotulada LSD-25, com a intenção de obter um estimulante respiratório e circulatório, mas os testes com animais não despertaram entusiasmo nos experimentadores do departamento farmacológico da Sandoz (que só anotaram a visível inquietação das cobaias).

O LSD-25 ficou esquecido por cinco anos. Movido pelo que chamou de "pressentimento peculiar",[4] Hofmann decidiu ressintetizar o composto em 1943. Nas etapas finais do processo, o químico foi assaltado por sensações pouco usuais, e enviou para seu chefe o seguinte relato:

> Na última sexta-feira, 16 de abril de 1943, fui forçado a interromper meu trabalho no laboratório no meio da tarde e a voltar para casa, afetado por uma notável inquietude combinada com uma leve zonzeira. Em casa me deitei e mergulhei numa condição similar a uma intoxicação nada desagradável, caracterizada por imaginação extremamente estimulada. Num estado onírico, com

> os olhos fechados (sentia a luz do dia como desagradavelmente ofuscante), percebia um fluxo ininterrupto de imagens fantásticas, formas extraordinárias com um jogo intenso e caleidoscópico de cores. Após umas duas horas essa condição foi se desfazendo.[5]

Apesar da cautela meticulosa com que Hofmann manipulava os derivados sabidamente tóxicos do ergot, tudo indica que ele se contaminou acidentalmente. Três dias depois, precisamente às quatro e vinte da tarde, o químico partiu para um autoexperimento deliberado sobre os efeitos do LSD-25 ingerindo uma dose que lhe pareceu extremamente baixa, um quarto de miligrama (250 microgramas, mais que o triplo da que desencadeou minha experiência praiana). Quarenta minutos depois anotava: "Zonzeira começando, sensação de ansiedade, distorções visuais, sintomas de paralisia, vontade de rir".[6] Acompanhado prudentemente de uma auxiliar, foi pedalando para casa, onde enfrentaria a "crise mais grave" — a primeira viagem psicodélica intencional, consagrada como o Dia da Bicicleta, 19 de abril de 1943. Apesar do delírio, Hofmann narra ter vivido períodos de pensamento claro e efetivo o bastante para pedir à assistente que chamasse o médico da família e para tentar se desintoxicar tomando leite.

O psiconauta pioneiro acordou na manhã seguinte revigorado, com a mente desanuviada, uma sensação de bem-estar e um fluxo renovado de vida a passar por ele. O café da manhã teve um sabor delicioso, relatou. No jardim, sob a luz do sol após uma chuva de primavera, embeveceu-se: "O mundo aparecia como que criado de novo. Todos os meus sentidos vibravam numa condição de máxima sensibilidade, que persistiu por todo o dia". Emendou:

> Estava consciente de que o LSD, um novo e ativo composto com tais propriedades, teria de se tornar útil em farmacologia, em neu-

rologia e especialmente em psiquiatria, atraindo o interesse dos respectivos especialistas. Mas na época eu não fazia a menor ideia de que a nova substância também viria a ser usada para além da ciência médica, como inebriante no cenário das drogas.[7]

Cerca de duas décadas transcorreram entre o nascimento do LSD para a ciência biomédica e sua transformação no que Hofmann batizou como um "filho problemático". No epicentro do terremoto contracultural que fez do ácido uma celebridade, estava Timothy Leary, seu controverso guru. O psicólogo teve uma vida trágica, marcada pelos suicídios de Marianne, uma de quatro esposas que teria ao longo da vida, e da filha Susan. Mas, nos anos 1960 e 1970 em que ganhou fama, sempre aparecia sorrindo, radiante, emanando ousadia nas fotografias de jornais e revistas e nas aparições de TV. A descoberta da psicodelia por Leary, entretanto, não se deu com o ácido do suíço Hofmann, mas com os cogumelos mágicos de indígenas mexicanos.

Teonanacatl, a "carne dos deuses" na língua náuatle dos astecas, recebeu da ciência o nome *Psilocybe mexicana*. Tornou-se mais conhecido entre norte-americanos por uma reportagem na revista *Life* de 1957[8] em que o banqueiro e micologista amador R. Gordon Wasson narrava sua aventura, dois anos antes no México, com os fungos alucinógenos da curandeira Eva Mendez, nome inventado por Wasson para designar María Sabina.

No verão de 1960, Leary passava férias em Cuernavaca quando teve a oportunidade de ingerir sete desses cogumelos e mergulhar "na mais profunda experiência religiosa" de sua vida.[9] De volta ao trabalho como professor da Universidade Harvard, Leary se dedicou a erguer o Projeto Psilocibina, convencido de que os psicodélicos iriam revolucionar a psicologia. Os primeiros experimentos de 1960 e 1961 ocorreriam em sua própria casa, já com a forma sintética de psilocibina produzida na Sandoz por ninguém menos que Albert Hofmann. Sob o nome de Indocybin, chegou a ser comercializada como medicamento psiquiátrico.[10] Entre os frequentadores figuravam o poeta Allen Ginsberg e o romancista William Burroughs. Em dezembro de 1961, Leary tomou LSD pela primeira vez, incorporando-o no rol de substâncias para experimentação, assim como o DMT, um dos compostos da ayahuasca. O projeto e suas sessões tornaram-se tão notórios quanto polêmicos, em parte pelo envolvimento sexual e pelo recrutamento de estudantes muito jovens, o que acabou levando à não renovação do contrato com Harvard.

Leary, a partir daí, se tornaria um apóstolo dos psicodélicos e a face pública do LSD, sob o famoso lema "*turn on, tune in, drop out*", algo como "ligar-se, sintonizar, desprender-se", referindo-se respectivamente a ativar os recursos mentais, interagir harmoniosamente com o ambiente e se comprometer com flexibilidade, escolha, mudança e autoconfiança. Beatniks que liam Jack Kerouac captaram a mensagem e se engajaram no inconformismo da geração hippie, contestadora da repressão sexual, do consumismo afluente no pós-guerra e do militarismo tão bem representado na Guerra do Vietnã.

A contracultura, como ficou conhecido o movimento, consagrou a maconha e o LSD como vias de acesso a domínios da psique apartados da vida cotidiana restrita a família, trabalho e entretenimento. Seu poder corrosivo não demoraria a despertar reação dos poderes constituídos, que assumiu forma mais organizada na guerra às drogas declarada pelo presidente americano Richard Nixon em junho de 1971, precedida em 1970 por sua Lei de Substâncias Controladas. A norma proibicionista listou o ácido lisérgico no famigerado Schedule 1, rol de drogas supostamente sem uso médico aceito e com alto potencial para causar dependência — cláusulas que não se aplicam ao LSD, como demonstrou a ciência. Mesmo assim, por força da Convenção das Nações Unidas sobre Substâncias Psicotrópicas de 1971, o composto continua proibido internacionalmente.

Por ironia, muito antes de Leary e legiões de hippies se dedicarem às profundezas da mente, elas já eram objeto de experimentos patrocinados pelo próprio governo americano, mais precisamente pela CIA. O projeto secreto MKUltra, dirigido pelo químico Sidney Gottlieb, buscava substâncias capazes de alterar a consciência de pessoas a ponto de permitir sua manipulação, tendo como Santo Graal a descoberta de um "soro da verdade" para uso em espionagem. Como foi documentado por Stephen Kinzer no livro *Poisoner in Chief* (algo como "Envenenador-chefe"), por dez anos na década de 1950 sua equipe forneceu LSD para testes variados, tanto com funcionários e presidiários que não sabiam o que estavam tomando quanto com participantes em estudos sérios de universidades. Kinzer defende que Gottlieb foi o verdadeiro iniciador da revolução lisérgica, pois entre esses voluntários estavam figuras como o poeta Allen Ginsberg, o letrista Robert Hunter da banda Grateful Dead e o escritor Ken Kesey, autor do livro *Um estranho no ninho*, que passaram a propagandear as maravilhas das viagens psicodélicas e ajudaram a popularizá-las.

A vítima mais notória das incursões da CIA nas fracassadas tentativas de controlar mentes foi Frank Olson, um bacteriologista que trabalhava no programa de armas biológicas da agência. Submetido sem saber a doses de LSD, Olson morreu numa mal explicada queda de uma janela em 1953, que pode ter sido tanto um suicídio em meio a um surto psicótico quanto um assassinato para queima de arquivo (o caso nebuloso foi apresentado na série documental da Netflix *Wormwood*, de 2017). Duas décadas depois, nos tempos da proibição, o ácido lisérgico foi associado a mortes trágicas, raras, mas de grande impacto midiático, como acidentes e suicídios supostamente induzidos por alucinações. O número pequeno de casos mal documentados não deixou registro na literatura médica, que não reconhece a substância como produtora de ideias suicidas. Não existem tampouco casos registrados de morte por overdose de LSD — ao contrário, um artigo recente relata que três casos de superdosagem resultaram em inesperados efeitos inócuos ou até benéficos.[11] No exemplo mais impactante, em setembro de 2015 uma mulher de 49 anos confundiu LSD com cocaína e aspirou 55 miligramas do pó branco, cerca de 550 vezes uma dose usual de consumo recreativo de ácido lisérgico. Em cerca de uma hora começou a vomitar, o que ocorreria de forma intermitente pelas doze horas subsequentes, período em que ficou "fora do ar", incapaz de se comunicar, numa viagem que depois qualificou como agradável. Antes do acidente, ela tinha dores crônicas nos pés e tornozelos, sequela da doença de Lyme contraída quando tinha pouco mais de vinte anos, que tratou por uma década com doses diárias de quarenta a oitenta miligramas de morfina. No dia seguinte à overdose de LSD, as dores tinham desaparecido e ela suspendeu a morfina sem experimentar os sintomas usuais de retirada do opioide. As dores acabaram voltando, em intensidade menor, e a mulher passou a controlá-las com doses menores de morfina e microdoses de LSD.

Definitivamente, o ácido lisérgico não é o anjo da morte por alucinação pintado pela reação proibicionista. Ele representou uma ameaça para o establishment político e para a vida burguesa por sua capacidade de despertar nas pessoas sentimentos de bem-estar, paz e amor, e de conduzi-las à praia ensolarada dos efeitos terapêuticos em que nadam de braçada cientistas dispostos a arriscar-se e retomar uma tradição de pesquisa fértil precocemente abortada pelo obscurantismo.

> Sentia-me na plenitude de meu ser; ser simplesmente, sem qualidades, atributos ou preconceitos — sentia um prazer imenso em existir e maravilhava-me com a consciência disso. Cada objeto da sala se jogava dessa mesma existência para mim, naquele momento, tudo tinha valor simplesmente em ser. E sentia-me imensamente feliz por poder ter a consciência de minha existência e de tudo que me cercava. Sentia-me integrado no mundo, parte dele sem necessitar fazer qualquer esforço para isso.

A descrição jubilosa de uma viagem lisérgica não partiu de um hippie qualquer nos anos 1960 ou 1970, mas do médico M. P., 25 anos, voluntário daquele que foi provavelmente, até aqui, o mais alentado estudo científico sobre LSD no Brasil. A investigação sobre os efeitos da nova e promissora droga havia sido iniciada em 1958, na clínica psiquiátrica do Hospital das Clínicas da Faculdade de Medicina da Universidade de São Paulo, quando ainda não se deflagrara nos Estados Unidos o casamento da contracultura com a psicodelia e a CIA mantinha de vento em popa os experimentos sinistros do projeto MKUltra. Era uma entre centenas de iniciativas copatrocinadas pelos laboratórios Sandoz, que distribuía gratuitamente para cientistas e médicos a substância criada por Albert Hofmann sob o nome comercial de Delysid, em apresentação injetável ou na forma de comprimidos.

O estudo se prolongou de 1958 a 1963 e envolveu 23 pacientes da clínica psiquiátrica do Hospital das Clínicas — dez homens e treze mulheres, além do próprio M. P., "voluntário normal" — com a finalidade de "provocar ou reforçar sintomas psíquicos, como recurso de estudo da respectiva psicopatologia, para melhor compreensão do quadro mórbido, às vezes obscuro". Eram outros tempos: havia no grupo psicóticos de apenas quinze anos, recebendo de uma a oito doses de até duzentos microgramas (quantidade similar à ingerida por Hofmann em 1943, mas em alguns casos do HC-FMUSP aplicada diretamente na veia), e dez dos participantes só tomaram placebo. Os resultados foram apresentados em 1964 na tese de livre-docência do psiquiatra Clovis Martins. O ácido lisérgico ainda estava distante da proscrição como substância maldita que viria nos anos 1970.

Como era comum naquela época, Martins estava interessado no que se chamava de propriedades psicotomiméticas do LSD. Ou seja, a capacidade de desencadear sintomas ou surtos de psicose que permitiriam avançar na compreensão da esquizofrenia, doença de etiologia e patogenia misteriosas, impossível de reproduzir em modelo animal por ser proveniente das faculdades superiores humanas. Em suas palavras,

> o aparecimento de uma substância capaz de provocar manifestações comparáveis às do quadro mórbido, ficando seu controle ao arbítrio do pesquisador, trouxe a superação do primeiro obstáculo relevante, para atingir a solução ainda remota. [...] Os psiquiatras já podem agir, provocar, induzir, repetir, modificar, prever, ao contrário do que ocorria antes, quando se limitavam a olhar, observar, descrever, catalogar, imaginar e esperar.[12]

Sabia-se que o Delysid não era tóxico nem causava dependência, tornando-se particularmente atraente para utilização terapêutica porque, passados os efeitos agudos de seis a doze horas depois, ocorria um "veemente afloramento de reminiscências significativas, dotadas por vezes de intenso vigor vivencial (ecminésias), [...] fortemente impregnadas de carga afetiva, catártica, podendo ser aproveitadas para eficiente aplicação psicoterápica". O relato do jovem médico M. P. parece deixar isso evidente, sobretudo pela forte empatia manifestada:

Mais tarde dei uma volta com o Dr. Clovis dentro e fora do hospital: sentia todo o meu corpo, os movimentos musculares, sentia todo o prazer de ter pé, perna, braços, todo o corpo, de poder caminhar, de sentir o vento no rosto e o sol na pele. Tinha a impressão de que sorria constantemente de felicidade. Gostava de todas as pessoas que se aproximavam de mim; creio mesmo que a esse respeito tinha para com elas atitude semelhante à que mantinha na infância: todos pareciam-me bondosos, despertavam-me grande interesse, aceitava-os e tinha a impressão de ser aceito sem esforço ou dificuldade. Sentia-me parte da humanidade. Quando havia mais de uma pessoa na sala gostava de que falassem cochichando: isso dava-me a impressão de estarem todos bem e eu poderia então entregar-me livremente às minhas sensações. A enfermeira S. parecia-me a peça mais perfeita do mundo circundante: nela sentia uma sabedoria e tranquilidade milenar, como se depois de muito viver e sofrer o homem chegasse à conclusão de que não adianta se agitar.

Embora o LSD seja mais comumente associado às manifestações visuais exuberantes, Martins dedica grande espaço na tese às distorções na percepção da passagem do tempo e do que chama de "horizonte temporal", intimamente ligado às afecções mentais na sua interpretação. Entre os vários e minuciosos testes aplicados por ele aos sujeitos da experimentação estavam pedidos para que estimassem a duração objetiva de intervalos transcorridos, em geral superestimados no caso de períodos curtos (um a três minutos, que os pacientes sob efeito lisérgico tendiam de maneira consistente a apontar decorridos meros trinta a sessenta segundos). Segundo ele, a distorção seria fruto de um enriquecimento da atividade psíquica com muitos pensamentos simultâneos:

A vivência da estagnação do fluxo do tempo, como se este se tornasse destituído de papel, fixa no presente o "horizonte temporal" dele eliminando a prospecção para o futuro, elemento de construção abstrata e racional. Despojada do contingente intelectual, a vivência adquire grande pureza, tal como acontece na infância, quando, como sabemos, só existe o presente. A inexistência da prospecção para o futuro e a "defixação" do passado tiram do momento vivido os atributos de complexidade que a cultura e os processos de natureza intelectual normalmente lhe emprestam. Transformado, assim, na única manifestação de mudança biologicamente válida, o presente amplia a percepção, fazendo com que grande número de estímulos, captados ao mesmo tempo, adquiram importância existencial.

Suspende-se, assim, ao que parece, a dominância do que hoje se identificaria como rede de modo padrão (*default mode network* em inglês, ou DMN), hiperativa nas ruminações características de transtornos como a depressão. Paradoxalmente, Martins relaciona as distorções do "horizonte temporal" tanto com neuroses e psicoses — quando um instante patologicamente termina perpetuado através da fobia ou da obsessão — quanto com a fresta terapêutica propiciada pelo LSD com a intensificação do momento presente, como se depreende da frase "inexistência da prospecção para o futuro e a 'defixação' do passado".

Cabe lembrar que o psiquiatra, na passagem da década de 1950 para a de 1960, estava imerso no paradigma psicotomimético, que pressupunha que o efeito do ácido lisérgico mimetizava a psicose — uma visão hoje ultrapassada do LSD. A substância supostamente permitia seu exame de modo controlado pelo pesquisador, mas a própria observação dos óbvios benefícios terapêuticos da distorção temporal, concomitante ao acesso a memórias profundas e ao aumento da empatia, apontava para a ruptura com essa maneira de encarar substâncias psicodélicas, menos como ferramentas de investigação das profundezas escuras da mente e mais como adjuvantes de psicoterapia. É verdade que em doses altas o ácido pode levar o psiconauta a perder contato com a realidade e ver ou ouvir coisas que não estão de fato presentes, condições definidoras da psicose, mas esta é uma situação patológica crônica: enquanto sob efeito lisérgico, as alucinações são passageiras e não necessariamente obsessivas.

Com efeito, a experiência subjetiva de quem toma LSD costuma ser intensamente marcada pela distorção temporal em íntima associação com o gozo prolongado de vivências de bem-estar (ou de pensamentos e imagens dolorosas, nas chamadas *bad trips*, "viagens ruins"). Como até 2020 só tive experiências boas (sete ao todo) e presenciei uma única "viagem ruim" — alguém que após misturar drogas acreditou ser capaz de andar sobre brasas —, é natural concluir que as *bad trips* são raras. Com efeito, a Pesquisa Nacional sobre Uso de Drogas e Saúde de 2014 nos Estados Unidos indicou que 287 mil pessoas haviam usado LSD no mês anterior;[13] por outro lado, um relatório da Rede de Alerta de Abuso de Drogas (Dawn, na abreviação em inglês) publicado três anos antes registrava apenas 5 mil atendimentos de emergência em hospitais por efeitos adversos da substância, como ataques de pânico ou surtos psicóticos. De acordo com a Pesquisa Global de Drogas realizada em 2014, a maioria dos usuários de LSD jamais teve uma *bad trip*, com porcentagens variando entre 62% (Portugal) e 74% (Holanda) entre os países com mais de quinhentos participantes — no caso de psiconautas brasileiros, 68%.[14] E mesmo as eventuais experiências perturbadoras podem ser terapêuticas, na medida em que o LSD faz aflorar algo que já se encontra contido na psique e talvez mereça ser conhecido e se tornar objeto de reflexão.

Aqui, o eventual uso terapêutico se distancia do meramente recreativo, de quem quer apenas ficar "chapado" sem maiores consequências. Num contexto clínico, o ácido lisérgico — como qualquer composto psicodélico que venha a ser usado como auxílio à psicoterapia — precisa ser ministrado com enorme atenção para o *set* (condição e disposição mental da pessoa) e para o *setting* (ambiente, entorno e apoio com que possa contar no caso de uma viagem difícil). Hoje em dia, por exemplo, é praxe adotar como critério de exclusão de pacientes em estudos sobre uso terapêutico de psicodélicos a presença de traços ou histórico de psicose e até casos psicóticos em familiares próximos — bem o oposto do que se praticou no estudo do Hospital das Clínicas da USP, ainda na vigência do modelo psicotomimético.

O LSD foi de uso corrente por psiquiatras e psicoterapeutas em milhares, provavelmente centenas de milhares de tratamentos em vários países, nas duas décadas entre 1950 e 1970, sem notícias de muitos casos adversos. Os Institutos Nacionais de Saúde dos Estados Unidos, conhecidos pela sigla NIH, chegaram a financiar mais de 130 estudos clínicos da droga, com bons resultados para ansiedade, depressão e alcoolismo.[15] No Brasil, como narra Júlio Delmanto na tese de doutorado *História social do LSD no Brasil: Os primeiros usos medicinais e o começo da repressão*,[16] um dos pioneiros, além de Clovis Martins, foi o médico Murilo Pereira Gomes, que atuava no Rio de Janeiro e apresentou o LSD para alguns nomes destacados da cultura e das artes, como o dramaturgo Fauzi Arap e o escritor Paulo Mendes Campos.

Em 1962, Paulo Mendes Campos publicou na revista *Manchete* uma série de textos intitulada "Experiências com LSD", reproduzidos depois no livro *Cisne de feltro*. O escritor relata a alteração da noção de tempo, a exemplo de tantos outros psiconautas, que teve papel fundamental na sua viagem, remetendo-o de volta à condição infantil (note a coincidência com o relato do jovem médico voluntário da USP) em que "a criança vive normalmente com o tempo, sem saber medi-lo ou sofrê-lo, [...] como se fosse fundamental à inocência infantil o profundo e repousante desinteresse pela passagem das horas e pela aproximação gradativa da decadência-e-morte":

> Uma experiência singular começou a realizar-se na minha consciência: eu me desinteressava do tempo, não o apreendia como habitualmente, embora me fosse possível, através de artifícios mentais, manter uma noção aproximada de determinados espaços de tempo. Durante todo o apogeu da experiência (umas três horas, creio), essa isenção em relação ao fluir do tempo intensificou-se, sem que sentisse por isso propriamente prazer, mas indiscriminado alívio. [...] Minha mente se clarificava o tempo todo, só que centralizava sua atenção em objetos e percepções que antes viviam, fora ou dentro de mim, sem suscitar maiores curiosidades.

Em entrevista ao jornal alternativo *O Pasquim*, em janeiro de 1970, Paulo Mendes Campos afirmou ser muito difícil introduzir alguma coisa de novo que enriqueça a humanidade, como o LSD, e que por isso ele deveria ser estudado sob todos os seus aspectos científicos e levado a sério por sua "potencialidade psíquica da maior importância no tratamento da vida moderna". No livro *Cisne de feltro*, emprestou palavras precisas e eloquentes à descrição dos benefícios terapêuticos vivenciados:

> Sou hoje um homem mais desamarrado, mais livre de mim mesmo. A experiência me ajudou antes de tudo a não comer gato por lebre, isto é, hoje, dentro e fora de mim, posso apreender melhor o que é duvidoso ou falso, o que passava por certo e era mediocremente veraz. Livrei-me de algumas túnicas da minha fantasia, quase todas depressivas. Despertei certa manhã de domingo, logo depois da primeira experiência, muito mais curioso do universo e muito menos angustiado pela catástrofe humana. Existir ficou um pouco menos difícil.

Na época da entrevista, contudo, a repressão de que fala o título da tese de Delmanto levantava a cabeça. Em 22 de setembro de

1970, o juiz Geraldo Gomes proferia a primeira sentença condenatória relacionada com o LSD, mesmo não estando a substância explicitamente mencionada no rol dos entorpecentes proibidos, com base em alegado perigo de causar dependência física ou psíquica (coisa que a ciência biomédica de então já descartava, e ainda hoje descarta). O magistrado não procurou disfarçar que sua motivação principal era de ordem moral paternalista, como se evidencia neste trecho recuperado por Delmanto:

> O comportamento humano se divorcia, cada vez mais, dos princípios éticos que devem reger a conduta social, sob o impacto de toda ordem de mensagens negativas que causam, também, a desorientação na juventude. Note-se, por exemplo, o progressivo desprestígio da virgindade feminina, da instituição do matrimônio, dos princípios religiosos, que sempre foram grandes freios da moralidade pública desgastados por politeísmo, poligamia, feminismo, pílulas anticoncepcionais, sentido de "autenticidade", ainda que naquilo que é falso ou errado e que inegavelmente solapa a organização social. E nossa juventude que recebe esse arsenal de mensagens realmente se põe desorientada. Daí a necessidade de sua proteção.

A condenação alcançou o artista plástico Antonio Peticov, preso em 28 de janeiro do mesmo ano com quinze doses de LSD, e outros seis réus. Peticov e mais quatro terminariam condenados a 22 meses de reclusão, mas só dois não foram beneficiados com liberdade condicional, e o artista plástico tinha viajado para Londres graças a um habeas corpus durante o andamento do processo. No centro da operação repressiva tinha figurado o policial civil Angelino Moliterno, o Russinho, que a Comissão Nacional da Verdade depois listaria como membro do Esquadrão da Morte liderado pelo delegado Sérgio Fleury, do Dops (Departamento de Ordem Política e Social). A tortura, largamente empregada contra criminosos comuns e presos políticos da ditadura militar, foi também utilizada para incutir o terror nos jovens hippies que viam no LSD uma porta para diminuir a angústia diante da catástrofe humana, como disse Paulo Mendes Campos. Certamente contribuiu também para abortar, no Brasil, toda uma linhagem de estudos e de uso terapêutico do ácido lisérgico que caminhava para o ostracismo, no mundo todo, com o avanço do proibicionismo.

Dependência química

Não faltam figuras lendárias na história do LSD e dos psicodélicos, e uma das mais intrigantes é o médico britânico Humphry Osmond. Entre outras peripécias, ele foi responsável por apresentar a mescalina em 1953 ao escritor conterrâneo Aldous Huxley, que sobre ela escreveu o livro *As portas da percepção*. Osmond também cunhou o termo "psicodélico", em 1957, a partir de raízes gregas para a expressão "manifestador da mente, da alma" (descartando "fanerótimo", a sugestão de Huxley, significando "revelador do espírito"). Osmond foi um dos pioneiros na propagação da ideia de que transtornos mentais como a esquizofrenia derivavam de um desequilíbrio químico no cérebro, modelo que ganhara impulso em 1948 com a descrição do neurotransmissor serotonina. A biografia do médico, entretanto, comportou também uma faceta mais obscura: em 1985, os autores Martin Lee e Bruce Shlain revelariam no livro *Acid Dreams* que Osmond mantivera relações com as agências de espionagem CIA, dos Estados Unidos, e MI6, do Reino Unido, interessadas em substâncias que pudessem ser usadas para manipular agentes inimigos.

Bem menos conhecido, ou quase esquecido, é o extenso trabalho de Humphry Osmond com o bioquímico Abram Hoffer sobre o tratamento de dependentes de álcool por meio de LSD, entre

1954 e 1960, no Hospital Mental de Weyburn, em Saskatchewan, no Canadá. Embora o alcoolismo ainda fosse visto por muitos como uma deficiência moral do dependente, o médico britânico subscrevia o consenso emergente de que se tratava de uma doença e de que, aí está sua inovação, talvez pudesse ser curada com recursos do ácido lisérgico ao provocar uma experiência similar ao delirium tremens, estado confusional breve, mas poderosa e assustadora o suficiente para engendrar uma aversão à bebida.[17] O resultado foi paradoxal: pacientes relatavam experiências psicodélicas agradáveis, não traumáticas, e ainda assim vários deles conseguiam abandonar o hábito abusivo.

Dependendo da fonte consultada, algo entre 700 e 2000 dependentes foram tratados com LSD em Saskatchewan, com taxas de sucesso da ordem de 40% a 45%, ou seja, abstinência completa um ano após a terapia. O resultado promissor atraiu a atenção de Bill Wilson, fundador da organização Alcóolicos Anônimos (AA), sobretudo pelos relatos de experiências transcendentais e espirituais apresentados pelos pacientes que tomavam LSD. Bill W., como ficou conhecido, chegou ele próprio a experimentar LSD, mas depois abandonou a ideia de empregar a substância nos grupos de ajuda, aparentemente por temor de que se desencadeasse um outro gênero de dependência.

No front acadêmico, os estudos de Osmond e Hoffer, assim como de outros por eles inspirados, receberam críticas da Fundação para Pesquisa da Adição (ARF, na abreviação em inglês),[18] principal patrocinadora canadense de estudos sobre dependência, que apontava neles a falta de controles apropriados exigidos pelas boas práticas da ciência biomédica. Em resposta a essa demanda, o psiquiatra Sven Jensen, de Weyburn, publicou em 1962 o primeiro estudo[19] controlado do gênero, com três grupos: um recebeu LSD após dias ou semanas de internação, outro só psicoterapia de grupo, outro ainda os tratamentos convencionais no hospital. Após dezoito meses de acompanhamento, 67% dos que tomaram o ácido (38 de 58 pacientes) estavam sóbrios, contra apenas 18% (7 de 38) no grupo da psicoterapia e 11% (4 de 35) no de cuidados médicos tradicionais. A ARF contra-atacou com seu próprio teste clínico, que tentava separar o efeito do LSD de outros fatores que poderiam explicar o sucesso obtido por Jensen. A tentativa de afastar fatores que poderiam confundir o resultado, como a atenção dedicada aos pacientes por profissionais de saúde, envolveu restringir a locomoção dos participantes pelo hospital e limitar a interação deles com médicos e enfermeiros. O estudo ultraconservador[20] concluiu pela ineficácia do tratamento com a substância psicodélica na comparação com outras modalidades.

Do ponto de vista da ciência psicodélica contemporânea e do modelo de psicoterapia assistida consagrado por ela, fica patente que as exigências metodológicas da ARF contribuíram exatamente para solapar o *setting*, componente fundamental para o sucesso esperado na modalidade psicodélica de tratamento. Sem contato significativo com médicos e outros profissionais de atendimento, o dependente vê reduzida a chance de elaborar discursivamente os conteúdos emocionais aflorados durante a viagem, para não falar da inquietação ao enfrentar sozinho, isolado num quarto de hospital, uma experiência de grande intensidade psíquica sem acompanhamento nem apoio de outras pessoas. Ao tentar isolar o mecanismo bioquímico de ação do LSD, essa forma de ciência pura e dura pôs a perder bem aquilo que hoje se considera mais terapêutico nas viagens psicodélicas, o exercício da empatia.

Com a crescente reação conservadora contra a psicodelia, as fontes de financiamento de Osmond secaram. Ele se transferiu de Weyburn para o Instituto Psiquiátrico de Nova Jersey, em Princeton, e depois para a Universidade do Alabama, onde se aposentou em 1992. Morreu em 2004. "Osmond estava na vanguarda da pesquisa psiquiátrica da época. Foi uma tragédia que seu trabalho tenha sido interrompido por causa da cultura", lamentou Charles Grob, professor da Universidade da Califórnia em Los Angeles.

Os estudos psicodélicos, em que pese a maré baixa iniciada nos anos 1970, não desapareceram por completo. Embora as licenças para pesquisa com LSD se tornassem mais e mais difíceis de obter e a Sandoz tivesse parado de enviar sua droga Delysid para cientistas e médicos, solicitando a devolução dos estoques remanescentes, raras investigações prosseguiram em países como a então Tchecoslováquia e os Estados Unidos. Nos Estados Unidos, médicos continuaram receitando o remédio lisérgico por alguns anos, com a última prescrição conhecida emitida em 1976. No final da década surgiu o MDMA, que chegou a ser usado por psicoterapeutas até cair nas graças dos frequentadores de raves e acabar proibida em 1985.[21] Nas duas décadas seguintes, o hiato decorrente da voga proibicionista lançaria a ciência psicodélica numa espécie de limbo do qual só começaria a sair para valer em 2007 (alguns poucos estudos psicodélicos foram feitos antes, usando a psilocibina dos cogumelos e o LSD de má fama).

Em dezembro daquele ano, Peter Gasser iniciou na Suíça um estudo-piloto duplo-cego e com grupo de controle a fim de testar LSD em psicoterapia para ansiedade de pacientes com doenças que implicavam risco de morte. O grupo experimental era pequeno: doze pessoas que receberam ou duzentos microgramas de ácido ou uma subdose de vinte microgramas, à guisa de placebo ativo. No acompanhamento de doze meses após a ingestão, permanecia uma significativa redução da ansiedade entre os que tomaram a dose cheia.[22] No ano seguinte, 2008, morreu aos 102 anos o inventor do ácido lisérgico e conterrâneo de Gasser, Albert

Hofmann, um pouco menos frustrado ao ver interrompida a estiagem de estudos com seu "filho problemático": "Meu desejo se realizou. Não pensei que viveria para constatar que o LSD finalmente ocupou seu lugar na medicina".[23]

O protagonista do Dia da Bicicleta, até hoje celebrado a cada 19 de abril, encontrou uma sucessora no papel de manter acesa a chama lisérgica: Amanda Feilding, condessa britânica que criou a Fundação Beckley em 1998, precisamente para "iniciar e conduzir pesquisas pioneiras sobre o potencial terapêutico de psicodélicos". Ao lado de Hofmann e de um modelo da molécula de LSD, Feilding aparece sorridente na fotografia de uma brochura com o portfólio da fundação. Ela me deu a publicação durante entrevista realizada em Londres, em agosto de 2019, quando falou da promessa que fizera ao químico suíço: disseminar o conhecimento sobre os "frutos dos deuses" para salvar a humanidade da neurose imposta pelo ego.[24]

Meu encontro com Amanda ocorreu no quarto 224 do Hospital Princesa Grace, em Londres, que mais parecia um escritório. Havia pastas e caixas de papéis espalhadas pela cama, no chão, sobre a mesinha da paciente falante e animada. A condessa de Wemyss e March — título adquirido em 1995 ao se casar com James Charteris, lorde Neidpath, sob uma pirâmide egípcia — não se encaixava no figurino de doente, a não ser pelo braço direito enfaixado.

O plano era gravar a entrevista durante a conferência psicodélica Breaking Convention, mas, semanas antes, Amanda, então com 76 anos, caiu enquanto trabalhava de madrugada em seu apartamento londrino e sofreu múltiplas fissuras nas costas, na área dos ossos sacro e ilíaco. Machucou também o braço, mas não deu importância até que o cotovelo começou a inchar. Uma tentativa de drenar o fluido rompeu sua pele frágil e deu origem a uma infecção que antibióticos não conseguiam debelar. Quando surgiu risco de septicemia, a internação se tornou inescapável. “Tudo a ver com ser uma workaholic”, disse, entre risos.

Amanda tomou LSD pela primeira vez em 1965, quando ainda era legal, e desde então se convenceu do potencial dos psicodélicos. O LSD seguiu como o preferido: “Vi como ele consegue ir fundo na alma”. Logo depois de sua iniciação lisérgica, ela conheceu o pesquisador holandês Bart Huges. Com ele tomou partido de uma teoria para explicar estados alterados de consciência, segundo a qual resultariam do aumento de vasos capilares no cérebro e do influxo de glicose e oxigênio para as células nervosas.

Para Huges, essa circulação desimpedida permitia relaxar o mecanismo do ego descrito por Sigmund Freud, que na concepção do holandês decorreria de um reflexo condicionado a palavras e seus sentidos, capaz de dirigir o sangue para áreas específicas do córtex, controlando assim o que chegaria à consciência. Amanda se apaixonou pela ideia, que ainda hoje faz seus olhos brilharem e que a levou, naquela época, a empreender uma trepanação. Abriu um orifício no próprio crânio para favorecer, segundo essa ideia, a pulsação natural dos vasos capilares. Bem ao estilo dos anos 1960, lançou-se de cabeça no estudo da psicologia, da fisiologia e da neurociência.

“Comecei a experimentar. Vivíamos de LSD, antes de ser ilegal, estudando diferentes aspectos da humanidade em nós mesmos. O que faz dos seres humanos o que são, brilhantes e, ao mesmo tempo, de certo modo, um desastre, com essa neurose e psicose que subjaz à humanidade”, conta. “Minha paixão se tornou estudar o ego, seus mecanismos básicos, como ele nos controla. Com os psicodélicos, pode-se chegar ao trauma na raiz. Passei três anos psicanalisando a mim mesma, lendo Freud e outros autores, sendo a doutora e a paciente ao mesmo tempo.” Para ela, o condicionamento do ego, a contenção excessiva propiciada por ele, ergue uma nuvem, um véu, entre seres humanos e a realidade da natureza. Isso faria de nós um animal perigoso, movido mais por interesses egoístas e objetivos utilitários, com dificuldade para sopesar as consequências de sua ação técnica sobre o mundo: "Quem é que vai nos condicionar? Não somos um animal confiável, mas somos brilhantes, uma ameaça para nós mesmos e para o resto do planeta".

Amanda relata como se livrou da dependência de nicotina, após se viciar aos treze anos: "Decidi parar numa viagem de LSD, nunca mais fumei um cigarro. Pude ver como o LSD pode ser usado para incrementar a própria intenção, levá-la a um nível superior". A condessa diz ter visto a proibição chegando, "um grave erro", porque teria impedido o Ocidente de aprender a empregar os psicodélicos e todo seu potencial de maneira inteligente, como fazem povos tradicionais. Por isso Amanda decidiu que o jeito de seguir adiante era recorrer à ciência e explorar como esses compostos funcionam no cérebro e podem ser um benefício para a humanidade.

Como era impossível fazer ciência com psicodélicos, pois os pesquisadores perdiam os empregos ou as verbas, Amanda dedicou a fundação, inicialmente, a montar um cavalo de Troia: mudar a política global de drogas. Seu interesse particular eram os psicodélicos, postos na mesma categoria da heroína, da metanfetamina e da cocaína, todos sob um rótulo do mal, "drogas" — embora fossem compostos muito pouco tóxicos e incapazes de causar dependência, contrariamente ao que professa o senso comum, e que deveriam, portanto, na sua avaliação, ser removidos da categoria.

Amanda diz acreditar que, no campo da ciência, já começou a reviravolta psicodélica. Surgiu discretamente nos anos 1990, com o advento das técnicas para obter imagens do cérebro, como a tomografia por emissão de pósitrons (PET, em inglês) e, depois, a ressonância magnética funcional (fMRI). "Cresci como artista, como pintora, e vi que as imagens forneciam um correlato [compreensível] para o que se passava no cérebro, para a experiência subjetiva", rememora Amanda. "Mas, para ter acesso a imagens do cérebro, eu precisava colaborar com pesquisadores."

Ela já contava, no conselho da Beckley, com neurocientistas de renome como Colin Blakemore e David Nutt. Em 2005, abordou Nutt, psicofarmacologista de renome que se especializara em dependência química, e sugeriu que colaborassem em estudos com psicodélicos na Universidade de Bristol. Três anos depois, montaram o Programa de Pesquisa Beckley/Imperial College, em Londres, para o qual Nutt se transferira. Nos onze anos seguintes, a colaboração frutificaria em vários estudos inovadores, tendo Amanda como coautora. Em abril de 2019, o Imperial criaria seu pioneiro Centro para Pesquisa Psicodélica, já se afastando da parceria com a condessa e das facetas menos convencionais de sua biografia (assim como da exigência de incluir seu nome nos artigos científicos publicados).

"Hoje a minha colaboração favorita é com o grupo brasileiro. Conhecia bem Sidarta [Ribeiro], e é óbvio que eu precisava trabalhar com um neurocientista chamado Sidarta", brinca a mulher que descobriu os estados alterados de consciência pela via da religião budista. Ela se referia ao grupo de pesquisadores e psiconautas que inclui os já conhecidos Dráulio de Araújo, Luís Fernando Tófoli, e Stevens "Bitty" Rehen, todos eles de olho em investigar como o LSD afeta a criação de neurônios e sinapses (neuroplasticidade), portanto o aprendizado e o incremento cognitivo. "Com os brasileiros vamos expandir isso, com os minicérebros de Stevens e os ratos de Sidarta. É um time brilhante para trabalhar — aberto, enérgico, maravilhoso, entusiasmante."

Na mira da parceria da senhora britânica com o time daqui estão doenças neurodegenerativas como demência, Alzheimer e Parkinson. Mas a fundação tem também dois outros braços no programa. Um é a microdosagem, uso continuado de LSD em quantidades menores, moda que se espalhou pelo Vale do Silício e teve em Amanda uma pioneira; neste caso, a colaboração se dá com a Universidade de Maastricht, na Holanda. "Sempre chamei o LSD de psicovitamina, porque ele expande como você se sente, melhora o seu humor. Você pensa melhor, fica mais focado, mais interessado em seus próprios pensamentos, as relações se tornam mais interessantes por causa dos vários pontos de vista", defende. Ela está interessada em estudar microdoses em campos como criatividade, dor e resgate cognitivo de pessoas resvalando para a demência. O outro braço, estudos clínicos de psicoterapia assistida por LSD, pesquisa meios de tratar dependência de opioides e álcool, além de depressão e ansiedade em pacientes terminais. Amanda já iniciou ou busca parcerias com universidades e institutos em vários países — de Austrália, Espanha e Estados Unidos a Reino Unido, Rússia e Suíça. Além do Brasil.

Para realizar tudo que planeja, ela estima que a Beckley precisaria de 1,5 a 2 milhões de libras esterlinas por ano. "Migalhas, para pessoas ricas." Só para pagar salários e manter estudos em andamento, são 400 mil libras anuais. "Quando a insanidade [a proibição] se instala, leva muito tempo para ser desfeita. Por sorte, acho que estamos num período melhor, superando isso. Espero que não leve outros cinquenta anos."

Aprender a morrer

A entrevista com Amanda Feilding dificilmente teria acontecido sem a intermediação de Stevens Rehen, o Bitty, que deu uma concorrida palestra na Breaking Convention e manteve longas reuniões com a condessa nos dias da conferência londrina. Ele destoava um pouco do frequentador médio da reunião psicodélica na Universidade de Greenwich: cabelo curtíssimo, óculos, camisa dentro da calça — um nerd, em resumo. Imagem confirmada em grande parte pela densa e aplaudida apresentação que fez sobre seus estudos com organoides humanos — estruturas globulares de células neurais cultivadas em jarros, os "minicérebros" mencionados por Amanda — para avaliar os efeitos bioquímicos da harmina (um dos componentes da ayahuasca) e da substância aparentada 5-MeO-DMT, descritos no início do livro.

Aparências e nomes, entretanto, podem ser enganosos. Bitty não cresceu na zona sul do Rio de Janeiro, mas entre Tijuca e Andaraí, na zona norte, onde se acostumou a ver policiais agredindo e achacando jovens mais escuros que ele por causa de maconha. Na faculdade, estudando biologia na UFRJ, organizou no centro acadêmico um simpósio sobre drogas como um pretexto para violência e opressão, mas foi experimentar cannabis já formado, depois dos 24 anos de idade. Ayahuasca, só aos 27, levado a uma sessão do Santo Daime pela tia Martha e pelo irmão Lucas Kastrup, antropólogo e músico. Como objeto de pesquisa, substâncias psicodélicas também entraram relativamente tarde em sua vida, depois de passar seis anos na Califórnia pesquisando mecanismos genéticos por trás da diversidade celular do cérebro e se iniciando numa técnica então emergente, o cultivo de células-tronco.

Bitty voltou ao Brasil e se tornou um especialista em outra tecnologia, a produção dos minicérebros. Esses organoides, como o pesquisador prefere chamá-los, são compostos de células neurais humanas produzidas em seu laboratório a partir de células recolhidas da pele ou da urina, que são primeiro revertidas para um estágio primordial, de células-tronco pluripotentes, e em seguida conduzidas por uma série de estímulos bioquímicos a se diferenciarem em componentes de tecidos nervosos, como os neurônios. Cultivadas com determinados reagentes e nutrientes, crescem para formar estruturas globulares com algumas partes semelhantes a um cérebro. O renome adquirido por seu grupo na UFRJ levou a um convite para fazer parte do Instituto D'Or de Pesquisa e Ensino (IDOR).

Suas duas equipes empregam a ferramenta para desvendar a bioquímica cerebral em duas áreas: a biologia do vírus da zika e substâncias psicodélicas. Esta última linha de pesquisa se abriu quando Bitty aceitou orientar a estudante de doutorado sérvia Vanja Dakic, interessada em pesquisar efeitos da psilocibina. A jovem bióloga da cidade de Novi Sad tinha um namorado em seu país de origem que gostava de se chapar e brigava muito com ele por isso, mas sentia falta de bons argumentos científicos para demovê-lo do hábito. Encaminhava-se para um doutorado em toxicologia sobre agrotóxicos na terra natal quando assistiu a uma palestra de Bitty num congresso, em 2010, e viu ali a chance de dar uma guinada em sua vida, como almejava, e se mudar para fazer um doutorado com ele sobre drogas psicodélicas. Já no Brasil, onde aportou em novembro de 2011, aos 27 anos, o princípio ativo dos cogumelos mágicos se mostrou difícil de trabalhar, porque se oxida e degrada muito rápido, e ela iniciou as pesquisas com compostos da ayahuasca, como a harmina, que tem a vantagem de não ser uma substância controlada. Depois do doutorado, Vanja acabou mudando de ramo de pesquisa e hoje trabalha num laboratório da empresa de cosméticos L'Oréal, com o qual Bitty mantém colaboração, buscando agregar neurônios criados in vitro a amostras de pele humana artificial desenvolvida para testar novos produtos, tornando-a assim mais parecida com o tecido vivo que recobre o nosso corpo. Com um sotaque quase imperceptível, Vanja me contou em junho de 2020 que se casara no Brasil, tinha um casal de gêmeos de dez meses e não pretendia deixar o país onde aprendeu a tocar xequerê (um tipo de chocalho) para sair no bloco de carnaval Orquestra Voadora.

Vanja e Bitty foram juntos ao congresso Psychedelic Science 2013, em Oakland, onde o pesquisador foi apresentado a Dráulio e Tófoli. "Deu uma liga muito boa", relembra Bitty. Sidarta também estava por lá, mas este — e suas "ideias grandiosas" — Bitty já conhecia do curso de mestrado no Instituto de Biofísica da UFRJ e, depois, das reuniões como bolsistas da organização norte-americana Pew. Embora ponha a pesquisa com psicodélicos no mesmo pé de importância da outra linha, Bitty prevê que ela ganhará espaço em seus trabalhos futuros. Primeiro, por ver nela uma oportunidade para exercer grande impacto social com a perspectiva de surgirem novos tratamentos para males contemporâneos como depressão e estresse pós-traumático. Depois, por acreditar que, após quarenta ou cinquenta anos de estigmatização da ciência psicodélica, o conhecimento pode contribuir para afastar o tema das drogas da repressão e do preconceito contra o alargamento da consciência impostos pelo movimento proibicionista.

O pesquisador não acredita que, por dedicar-se a esse assunto, seu grupo esteja particularmente vulnerável à onda conservadora erguida com a eleição de Jair Bolsonaro para a Presidência da República. Ele enxerga, desde antes da onda bolsonarista, um movimento crescente contra a ciência e as informações que produz sobre uma gama de questões que incomodam a ideologia retrógrada, da dependência química ao desmatamento, da reprodução humana ao racismo. "Estamos todos no mesmo barco. Qualquer tema pode ser usado como pretexto para perseguição."

Ainda assim, ele vê uma grande janela para a pesquisa nacional no campo dos psicodélicos, aberta a partir de 1984, quando, ainda antes do fim da ditadura militar, começou um debate público que redundaria, duas décadas depois, na legalização definitiva do consumo religioso de ayahuasca no país e no surgimento de grupos de pesquisa sobre seus efeitos e compostos, como dimetiltriptamina (DMT), harmina e harmalina (nos Estados Unidos, só em 2006 a Corte Suprema referendaria o uso religioso do chá). "Foi um dos poucos casos em que a religião ajudou a ciência", diz. Um dos rebentos dessa excepcionalidade brasileira no caso de substâncias proibidas foi o primeiro estudo do mundo com imagens do cérebro sob efeito de um psicodélico, *Seeing with the Eyes Shut* ("Vendo com os olhos fechados"), publicado por Dráulio, Sidarta e colaboradores em 2011.[25]

No laboratório de Bitty, um trabalho de grande repercussão foi o de Vanja Dakic em 2017, sobre as proteínas alteradas em organoides cerebrais humanos pelo psicodélico 5-MeO-DMT, em que Dráulio e Sidarta figuram como coautores. Logo após a publicação do artigo, o pesquisador carioca recebeu uma mensagem de correio eletrônico de Bill Linton, da empresa de insumos de laboratório Promega, de Madison (Wisconsin, EUA), propondo que fosse até lá apresentar seus estudos. Ao lado da sede da Promega, Linton ergueu um instituto, Usona, para pesquisas de psicodélicos, entre eles a 5-MeO-DMT. Bitty deu sua palestra lá em 2018, e uma semana depois o empresário tomou seu jato e veio conhecer o laboratório do IDOR no Rio de Janeiro. No ano seguinte Bitty esteve de novo em Madison para o Fórum Internacional de Consciência organizado por Linton, com quem então acertou sua ida para um sabático na Promega e no Usona, em maio de 2020, plano adiado por força da pandemia de coronavírus.

Bitty prevê que, na volta ao Brasil, a vertente psicodélica ganhe espaço em seu laboratório, como resultado natural do período Promega/Usona. "A gente tem, sim, total condição, know-how e equipamento para contribuir", afirma, referindo-se à pesquisa em outros países. "Em Nova Orleans,[26] vimos vários grupos diferentes fazendo pedaços do que a gente consegue fazer no Brasil. Temos toda essa expertise [para fazer estudos com minicérebros, roedores e humanos] num grupo só. O Imperial

College e a Universidade Johns Hopkins têm mais gente e mais dinheiro, mas temos as mesmas ferramentas." Seu objetivo é retornar, mas não descarta o plano B: estender a temporada no exterior, enquanto suas habilidades ainda forem atraentes para centros de excelência do mundo. Isso dependerá de como estarão a situação da pesquisa no Brasil, as condições políticas para estudar psicodélicos e a reação aos estudos com LSD que o grupo psiconauta havia iniciado.

A cidade de Oakland também aproximou Sidarta, Bitty, Dráulio e Tófoli de Amanda Feilding, da Fundação Beckley. O encontro resultou, em 2018, num acordo de colaboração para o grupo brasileiro investigar os mecanismos básicos de ação do LSD, com foco em neuroplasticidade, inflamação e neurogênese. O primeiro fruto da parceria se materializou em dezembro de 2019, com o lançamento de um *preprint*, um artigo preliminar, sobre LSD e reforço cognitivo — a "vitamina" mental de que fala Amanda — no repositório de acesso aberto *bioRxiv*,[27] uma alternativa de publicação eletrônica que evita o longo processo de revisão por pares nos periódicos científicos tradicionais e permite a pesquisadores firmar prioridade como autores de descobertas, assim como pôr logo em circulação informações de grande utilidade social, como no caso da pandemia de Covid-19. O grupo encontrou indicações de que o ácido lisérgico induz neuroplasticidade, ou seja, leva à formação de sinapses no cérebro, algo que poderia auxiliar na prevenção ou na reversão do decaimento mental de idosos, e buscou estabelecer a primazia sobre a eventual aplicação terapêutica com essa finalidade específica publicando um artigo.

Leva muito tempo, porém, obter a aceitação de um periódico científico internacional de renome para qualquer estudo, mais ainda no caso de um realizado fora do eixo América do Norte-Europa-Ásia, e ainda por cima sobre uma substância psicodélica controversa como o LSD. Bitty e Sidarta, preocupados com o risco de alguma equipe competidora sair na frente, pressionavam por divulgar o estudo no *bioRxiv*, mas ainda havia hesitação no grupo. Recebi o manuscrito e, convicto de seu interesse científico, social e jornalístico, disse que provavelmente conseguiria algum destaque para o estudo na primeira página da *Folha de S.Paulo*. Combinamos que uma reportagem sairia no dia 6 de dezembro, uma sexta-feira, e avisei: com o texto programado para entrar na edição eletrônica às duas da manhã, não haveria alternativa, eles tinham de subir o *paper* na página *bioRxiv* no dia anterior, porque o jornal afirmaria que assim tinham feito. E fizeram.

"LSD pode frear declínio mental, diz estudo brasileiro", destacava o título da reportagem,[28] cujo conteúdo vai parcialmente reproduzido a seguir. O título do artigo original era "Dietilamida do ácido lisérgico tem grande potencial como estimulante cognitivo" e resumia a façanha técnica do grupo ao unir testes comportamentais com ratos jovens, adultos e velhos tratados com LSD, em comparação com semelhantes sóbrios, à análise das proteínas produzidas em minicérebros cultivados a partir de células humanas submetidos ao ácido, para concluir que há melhora no aprendizado graças ao aumento de sinapses. Na liderança do trabalho estiveram Sidarta e Bitty, mas quem carregou o piano da parte experimental, com ajuda de outros treze coautores, foram Felipe Augusto Cini e Isis Ornelas. O surgimento de novas conexões entre neurônios está na base da fixação de memórias e, com isso, da cognição. Essas funções superiores do cérebro decaem com a idade, e o grupo de pesquisa descobriu que o LSD ajuda a resgatá-las em roedores idosos se eles contarem, ao mesmo tempo, com um ambiente mais interessante.

Sinaptogênese (formação de sinapses), ou neuroplasticidade, e abertura para experiências novas, cogitam os autores, parecem ser o traço comum por trás do potencial terapêutico redescoberto nos psicodélicos. Antes que alguém se apresse a organizar viagens lisérgicas para os avós na praia ou em parques, cabe repetir que o estudo só utilizou animais e minicérebros, aquelas esferas de células nervosas humanas cultivadas em laboratório. Falta cumprir a etapa em que os testes envolverão pessoas. Por ora, o grupo mostrou que o desempenho de ratos jovens e adultos quando tomam LSD antes de tarefas melhora. O mesmo não ocorre com os roedores velhos, mas, quando são expostos a ambientes com objetos novos — pode ser até um tubo de papelão —, os idosos lisérgicos se saem bem melhor. A explicação de que a neuroplasticidade induzida pelo psicodélico estaria por trás ganhou força com os minicérebros. Equipes do IDOR e da Unicamp dissolveram e compararam as proteínas produzidas por esses organoides com e sem LSD. Identificaram 234 delas com presença mais significativa nos minicérebros do primeiro time, várias das quais, como a sinaptofisina, diretamente envolvidas na formação de sinapses.

"Os resultados [...] dão apoio ao uso de LSD para estimular o aprendizado, mapeiam as vias metabólicas subjacentes a tal efeito e mostram pela primeira vez que o LSD modula proteínas sinápticas em neurônios humanos", concluía o artigo. O trabalho resultou da colaboração com outros pesquisadores brasileiros, como Daniel Martins de Souza e Luís Fernando Tófoli (Unicamp), e do exterior, como Encarni Marcos, da Universidade Miguel Hernández de Elche, na Espanha. Figura como coautora, ainda, a britânica Amanda Feilding, da Fundação Beckley. Para Bitty, que também é apresentador do podcast *Trip com Ciência*, o estudo é "um primeiro passo de uma longa jornada de pesquisas que poderá eventualmente apontar na direção do potencial terapêutico de psicodélicos, em especial o LSD, para a idade adulta e velhice". "Decidimos tornar o acesso público [na página *bioRxiv*] porque são dados que têm implicações importantes para a saúde de todos, especialmente dos mais idosos", afirmava Sidarta na reportagem.

Acordei às 5h21 no dia do experimento, antes do despertador programado para tocar às quinze para as seis, mas não creio que tenha sido ansiedade. Ao tomar banho, tive um torcicolo lavando a cabeça, que doeria o dia inteiro e teria alguma influência na experiência psicodélica. Às sete e meia, encontrei os assistentes da pesquisa Irina e Mark (nomes fictícios) no local onde o experimento seria realizado. Conversamos sobre a programação para o dia, li e assinei o termo de consentimento voluntário e informado, um texto detalhado de duas páginas. Passei pela primeira bateria de três ou quatro questionários no computador, para definir as linhas de base. Às quinze para as dez, tomei o conteúdo de um copinho com água gelada e solução alcoólica, sem saber se era uma dose de 65 microgramas de LSD ou placebo. Essa foi a primeira de duas sessões experimentais, numa das quais receberia o ácido lisérgico e, na outra, uma substância inócua (nem eu nem os experimentadores presentes saberíamos qual seria qual). O que vem a seguir faz parte do relato escrito nos dias subsequentes.

Meia hora depois, começo a me convencer de que não se trata de placebo, pois sinto um efeito como o do LSD começando. Era uma sensação de algo por acontecer, mas não com a intensidade do "frêmito" que experimentei na praia, meses antes. Ouço com nitidez o ventilador na sala, os ruídos de papel e caneta nas pranchetas dos assistentes de pesquisa, gavetas que se abrem e fecham. Vem uma necessidade imperiosa de escrever (incorporo aqui várias anotações).

Algum tédio. Sinto também que o tempo se intensificou, está demorando o momento em que deverei marcar mais uma vez na escala se o efeito chegou e sua intensidade, na primeira barra (durante todo o dia não chegaria à marca cinco numa escala de zero a dez), e meu humor, na segunda barra (cheguei a passar de cinco, não muito). Alguma dificuldade para escrever. Fico meio agitado. Se for placebo, é placebo "com espírito". Um pouco de coceira na cabeça. Sucessão de bocejos. Começo a sentir mais forte o tremor interno no peito.

Nas várias vezes em que permaneço de olhos fechados, vejo projetadas nas pálpebras figuras mais intensas que o usual, que mudam rapidamente quando movo os globos oculares, o que faço seguidamente, com muito roxo ou azul profundo e menos os habituais vermelhos e amarelos.

Seis horas depois, as alterações são apenas residuais. Já estou de saco cheio de tantos testes e questionários. Ao longo do dia, jogos de memória e aquele em que tenho de contar histórias a partir de imagens e cenários improváveis se mostram os mais maçantes. Gosto dos que pedem associação livre de vinte palavras em sequência, a partir de uma sugerida, por exemplo "laranja". Sinto prazer inesperado em completar dois desenhos e colori-los com lápis e canetinhas, escolhendo para eles os títulos "Um organismo marinho ainda desconhecido" e "Paisagem chinesa com campos de arroz e lagos". Mais duas horas e preencho o último questionário, quando encerramos.

No dia seguinte, quinta-feira, passo a partir das oito da manhã por mais uma série de testes e questionários. Alguns são iguais ou parecidos com os do dia anterior. Pedem-me para dizer de quais palavras me lembro de um dos testes (feijão, calor, quarto, pai, pilha, fresta, cadeira, caneta, sol, orelha, porco...). O chato jogo de memória, cujas posições duplas só consigo rememorar em poucos casos. Desenho complicado para reproduzir de memória, com quadrantes preenchidos com figuras e riscos, apêndices laterais.

Faço um esforço para anotar qual terá sido o resíduo aproveitável da maratona de testes, questionários e jogos sob efeito do LSD (ou não, porque ainda não sabia se era placebo). Penso que foi numa das passagens que Irina chamava de lazer, quando escolhi permanecer quieto e de olhos fechados, o momento de maior introspecção. Além de ficar admirando as figuras na tela das pálpebras, que nem eram tão admiráveis assim, forcei-me um pouco a pensar em pessoas de que gosto, começando pelas filhas e pelos netos, depois minha mulher, meus irmãos, meu pai (mais que minha mãe). Foi quando senti a convicção de que fiz coisas boas na vida, talvez não tudo de que gostaria, mas que provavelmente deixaria boa lembrança nas pessoas que sobreviverão a mim — sobretudo filhas e netos. Uma espécie de sensação de dever cumprido, nada espetacular, sóbria. E que ainda posso fazer bastante, mas, mesmo que não faça, tudo bem. Montaigne disse que filosofar é aprender a morrer. Para mim, o contato com psicodélicos tem significado aprender, devagarinho, que tudo bem morrer. Desde a primeira vez que tomei LSD na meia-idade, segui a recomendação do copiloto praiano de escolher um propósito para a experiência e elegi que gostaria de me reconciliar com a perspectiva da velhice e, no limite, da morte. Aos poucos vou chegando lá, concluo, mas ainda sem saber se foi mesmo influência do LSD ou se um poderoso efeito placebo adicionou um pouco de clareza e serenidade a essa perspectiva.

Duas semanas depois, encaminho-me tranquilo e resignado para a segunda fase do experimento com LSD. Acho, tenho certeza, que seria dia de placebo. Esqueço-me de ligar o gravador e nem mesmo pego o bloco de anotações, entre oito e dez horas. Mark nota a ausência de ambos, e eu me sinto culpado pelo descuido jornalístico. Tomo o conteúdo do copinho, com sutil gosto de álcool diluído, pontualmente às nove e meia. Faço a sucessão conhecida de questionários e testes, como a série de palavras, e invento histórias de um minuto após as figuras e os cenários impossíveis, como aquele em que as pessoas se comunicam por telepatia com animais (e narro que Snip, meu terrier escocês, se entristece fabulosamente por comer sempre a mesma ração).

Quase uma hora transcorre. Estamos conversando sobre filmes de ficção científica e, bingo, "começo a sentir algum efeito!" — anoto na caderneta, com o ponto de exclamação que raramente uso. Excitação, tremor interno, visão um pouco alterada, fora de foco (coisa que depois eu atribuiria à pupila dilatada). Frêmito. Escrevo que o LSD está batendo forte. Quando, afinal, terá sido o placebo? Já não sei mais. Mesma coceira na cabeça, visão embaralhada, certa dificuldade para escrever. Sinto que minha caligrafia está alterada. Espantadíssimo com o poder do placebo. Tremores, vontade de rir. Até por causa do fator surpresa, sinto que o efeito está mais forte que na primeira vez. Intensificação do tempo, os cinco minutos de olhos fechados demoram a passar. Alguma dificuldade para entender o que Irina e Mark falam, idem com as instruções dos questionários e teste no computador.

Nos vinte minutos de "lazer", aproveito para ficar de olhos fechados. De volta ao computador, os questionários começam a parecer cheios de nonsense: o que é o "evento" que eu teria visto ou deixado de ver, na pergunta excludente, de sim ou não? Cabem no sentido da palavra aqueles cristais lindos que vira por trás das pálpebras, assim como as formas volutas que se enroscavam — são ou não são "eventos"? Anoto: "Cacete. Viajei na tela apagada e negra do computador, até" (vendo desenhos curvos, em preto escuro e menos escuro, como a interferência de duas retículas translúcidas em movimento ondulatório, uma diante da outra).

Tremor intenso, dentro e fora, inclusive nas mãos, que chegam a ficar um pouco frias. Em alguns momentos tenho estremecimentos, mas não frio de verdade. No banheiro, tento ver as pupilas no espelho e não consigo, fico alguns segundos fascinado com os veios da madeira da porta refletida. Excitação enorme. "Eu acredito em placebo!"

Já se passaram quatro horas. Sinto muito calor, momentaneamente. Chega o almoço, um cheiro delicioso do espetinho de filé-mignon de porco entremeado com bacon. Como com gosto, prazer sensual. O calor volta com a enésima repetição do "jogo" das quatro histórias (cachorro na relva, pizza cinco estações, nevasca em Svalbard, alfaces que se acham importantes e passam a adotar nomes próprios). Consigo achar mais graça e menos irritação nas histórias tontas que invento. Comento com Irina e Mark que o calor talvez tenha a ver com certa contrariedade vinda da repetição das atividades. Os cinco minutos de olhos fechados são desta vez um pouco mais perturbadores, com pequena quebra de empatia. Meio que de brincadeira, meio sério, pergunto-me se o "verdadeiro" experimento não seria outro, duas doses diferentes de LSD e não placebo contra substância, mas aí me lembro do formulário de consentimento informado com explicações detalhadas de como seriam as duas sessões — não poderia haver engodo ali. De todo modo, não é uma sensação boa, quebrado o bom humor que vinha predominando.

Jantei bem e dormi mal. Acordei, muito desperto, às quatro e meia, mas consegui voltar a dormir. Não me lembro dos sonhos. O saldo da viagem, como disse para Irina e Mark, foi ter descoberto o poder do placebo na primeira experiência, pois já tinha quase certeza de que LSD, mesmo, tomei foi na segunda sessão (como confirmaria tempos depois). Eu me vejo como uma pessoa pouco sugestionável, mas fui posto no meu devido lugar. Pelo menos não tivera certeza absoluta de ter tomado LSD na primeira vez, só uma forte convicção, que cheguei a quantificar em 95%. O lado bom de se descobrir tão sugestionável é saber que, mesmo sem o auxílio de uma substância, só com o contexto e o estímulo adequado de empatia (componente bem-vindo do *setting*), é possível desencadear experiências tão boas e intensas a partir da própria mente (o *set*), talvez produzindo nela, por uma espécie de volição involuntária (passe o oximoro), a combinação apropriada de neurotransmissores. Mas, ao mesmo tempo, essa sugestionabilidade me deixou mais humilde, quase humilhado. Menos seguro e pretensioso. Mais vivo.

A leitura do livro *A ridícula ideia de nunca mais te ver*, da espanhola Rosa Montero sobre a morte de Pierre Curie e a vida de Marie Curie, entremeadas com a morte de Pablo, marido da autora, não foi talvez a melhor escolha para deixar de cismar com doença e morte. Por outro lado, permitiu-me pensar sobre ela de maneira um tanto vicária, quem sabe a melhor forma de refletir acerca do que nela nos aflige pessoalmente.

Apenas três meses após participar da primeira sessão do experimento com LSD, recebo o resultado de um exame anatomopatológico da próstata, e não é bom. Sete das quinze amostras coletadas têm células alteradas, resultando numa classificação nível sete, um grau intermediário de malignidade, porém inapelavelmente indicativo para cirurgia. Entristeço-me, mas não chega a ser um choque. Creio que, subconscientemente, já vinha me preparando para a notícia depois do exame inicial que detectara a pequena massa anômala. Consigo pensar racionalmente sobre a má nova e, se não chego a ficar otimista (o prognóstico é bom, de cura), tampouco me sinto abatido por ela. Apoio-me, como sempre, na fortaleza erguida por Claudia em torno de mim com amor, sabedoria e paciência, um casamento feliz e inexpugnável. Busco uma atitude estoica e pragmática diante da doença e me concentro nos aspectos práticos — procurar o melhor médico para fazer a cirurgia robótica, começar a adequar a agenda para a operação, provavelmente no início de setembro, trocar telefonemas com minhas filhas.

É estranho pensar, entretanto, que algumas células minhas enlouqueceram (do meu ponto de vista, claro). É como se elas revertessem para um estado mais primitivo, de luta pela sobrevivência e reprodução fora da lei (a delicada ecologia celular e tecidual, por assim dizer, que compõe e mantém um organismo). Por outro lado, sinto que em certo plano me identifico com elas: ao escrever, pelo menos, estou mais solto, mais indiferente às regras, com maior liberdade e mesmo com vontade de romper conveniências e convenções, permitir-me a virulência. De resto, não está fácil fazer o jogo do otimista no momento do país. Forço-me a ler a maior parte da torrente de mentiras e agressões dos Bolsonaro nas redes sociais. Em quarenta anos de jornalismo, nunca vi tanta desfaçatez, paranoia, insinceridade, mau-caratismo, ideologia malsã em estado puro. Até o stalinismo de José Dirceu, a venalidade de Antonio Palocci, a parvoíce de Dilma e o macunaísmo de Lula empalidecem diante da corja iletrada e truculenta que tomou posse do Planalto e expôs o pior do Brasil.

Só com o afeto da família e a paz interior intermediada por psicodélicos deu para encarar, sem pestanejar, os riscos da cirurgia e de sequelas, além de refletir mais seriamente sobre como reconciliar-me com a ideia de mortalidade. Sempre pensei nela com angústia, às vezes beirando o pânico. Alguns meses antes senti que estava mais calmo diante da perspectiva, algo que atribuí ao apaziguamento e aos lampejos propiciados pelo LSD, que tomei três vezes no ano transcorrido após setembro de 2018, e à ayahuasca, que tomei uma vez, todos em baixas doses. Mas não consigo deixar de pensar, um pouco magicamente, que já pressentia a doença em mim. Não é racional, admito. Posso estar apenas buscando sentidos ou causas ocultas para barreiras e titubeios que são só meus, endógenos, e não provenientes de causas externas. Causas externas? Ora, células que enlouquecem no meu ventre não são menos minhas. Se um fungo parasita consegue manipular o comportamento de formigas, com sabe-se lá qual bioquímica maligna, por que excluir que células neoplásicas deitem no meu sangue substâncias que possam abater o ânimo?

Tudo é paradoxal. Neste instante de maior abatimento, após receber a má notícia, tenho ganas de criar mais, de criar melhor. Não por ressentimento, nem revolta, mas em busca de uma energia vital, aquela que sempre me tirou dos buracos e me faz levantar todos os dias para produzir. Diante do câncer que corrói o país, o meu até esmaece. A perspectiva de cura pela via cirúrgica é excelente, ainda que passar por ela seja amedrontador, assim como a ideia de que bastaria algumas células enlouquecerem um pouquinho mais e se evadirem do confinamento no órgão tumoroso, ganhando a liberdade plena de se reproduzir com entusiasmo pelo corpo afora, criando dele e nele a semente de destruição. Ela viria e virá de qualquer forma — por obra de outras células, um coágulo, um veículo desgovernado, um tiro perdido ou achado, ou simples velhice e decaimento. Resignar-se, contudo, não é se render: se há remédio, se existe uma tecnologia humana para endireitar o torto, antecipar-se à dor, afiar os afetos e trazer paz diante do inevitável, por que não o tomar?

Raiz do sofrimento

Os olhos acesos e o sorriso largo de Carolina Facó (nome fictício) tornam difícil acreditar que a pedagoga e psicóloga já desceu ao inferno da dependência química e, por dezesseis anos, permaneceu em trânsito frenético entre ele e o abrigo da família e de amigos. Contava 38 anos de idade quando a entrevistei em fevereiro de 2020, e fazia quase quatro que se encontrava limpa, como dizem adictos e seus terapeutas — ou seja, abstêmia. Quando peço sua opinião de ex-dependente sobre terapias disponíveis para tratamento do transtorno mental, ela corrige rapidamente: "Não existe ex-adicto", diz, com a autoridade de quem teve dezenas de recaídas. Franqueza, de resto, é uma das características desconcertantes da psicoterapeuta que hoje atende pacientes numa entidade de classe da Zona Sul paulistana.

"É muito legal usar droga", diz sem meias-palavras, adiantando a mensagem do livro que escreveu para jovens sobre a própria experiência, à espera de um editor. "Usava maconha porque viajava longe, cocaína era ótimo, o crack apagava todos os meus pensamentos. Tem o seu prazer. Mas e depois? Mostro [no livro] o prazer de usar drogas, mas também as consequências." No caso, emagrecer até pesar 47 quilos, passar seis dias debaixo de uma ponte, ser estuprada e ter a vida salva por um amigo que a virou de lado em meio a uma convulsão provocada pelo excesso de crack para evitar que aspirasse o próprio vômito.

A estreia no mundo das substâncias psicoativas, como a de tantos adolescentes, se deu por curiosidade, com bebidas alcoólicas e maconha, ali pelos treze ou catorze anos. Consumia com amigos da escola, no parque aonde iam para cabular aulas. Por ali também teve início a fase de experimentação: benzina, cola, lança-perfume. Aos dezesseis conheceu a cocaína, que passou a usar esporadicamente, em geral nos fins de semana. Aos dezessete, o colégio a denunciou aos pais, que providenciaram um psiquiatra para a menina. O curso traçado para sua recuperação previa frequentar sessões de culto numa igreja do Santo Daime e uma estratégia de redução de danos em que o consumo de maconha era tolerado, para afastá-la da cocaína.

"Eu não acredito em redução de danos", diz Carolina, referindo-se ao expediente de trocar uma droga mais arriscada por outra menos danosa (como heroína por metadona), porque aos dezenove já estava usando crack. Nessa época ainda concentrava o consumo nos finais de semana e mantinha vida relativamente normal e produtiva no restante do tempo, o bastante para estudar e graduar-se em pedagogia na Pontifícia Universidade Católica de São Paulo (PUC-SP). Formada, afundou de vez: de 20 a 25 pedras de crack por dia no início, e depois, aos 23 ou 24 anos, chegou a mais de quarenta. Veio então a primeira internação, realizada ainda de forma voluntária. Foram seis meses no Instituto Padre Haroldo, em Campinas, onde conta ter despertado para o fato de que sofria de uma doença. Permaneceu limpa por sete meses depois de sair, mas começou a faltar nas reuniões dos Narcóticos Anônimos, namorou uma pessoa adicta e voltou a abusar do crack.

Seguiu-se uma sucessão de internações, onze no total, algumas consensuais, outras à força, com ambulância na porta de casa.

Nas fases boas, mantinha a frequência a cultos do daime (ayahuasca), primeiro no centro Céu da Mantiqueira, em Camanducaia (MG), depois no Caminho do Coração, em Nazaré Paulista (SP), e no Rosa de Luz, em Mogi das Cruzes (SP). A mãe queria levá-la para tratamento xamânico no centro de reabilitação Takiwasi, em Tarapoto, no Peru, mas ali só se aceitavam dependentes químicos do sexo masculino. A alternativa foi buscar ajuda na Casa Caminho de Luz, no Acre, para onde foram as duas em 2007. Tomando ayahuasca todo dia, "copo cheio", Carolina ficou longe de outras drogas por cerca de um ano. Retornou a São Paulo para o casamento do irmão, quando teve nova recaída.

Voltou para Rio Branco, onde trabalhou como coordenadora pedagógica em estabelecimentos respeitáveis, sem se afastar da cocaína. Não havia crack no mercado, mas o vizinho era traficante e lhe entregava droga por cima do muro. Chegou a pegar dez gramas por dia e a preparar o próprio crack a partir de pasta-base de coca. A mãe a trouxe de volta para São Paulo, e o ciclo de internações e recaídas não tinha fim. Em 2009 e 2010, frequentou novamente o centro em Nazaré Paulista e foi com seu grupo em duas peregrinações à Índia, mas não guarda boas memórias do período — diz que chegou a ser trancada num cômodo, espancada e humilhada em rodas de expiação.

Entre altos e baixos, a pedagoga começou a cursar psicologia numa universidade particular paulistana. Fazia mosaicos para vender, ofício aprendido em uma de suas internações, o bastante até para contratar um ajudante, mas vivia voltando para o crack. Os traficantes lhe diziam: "Você é tão bonita e inteligente, o que está fazendo aqui? Volta para casa". Os pais, mesmo separados, nunca desistiam dela, conta, e a internavam de tempos em tempos. Foi assim até que a mãe, em pesquisas na internet, encontrou relatos animadores sobre outra droga, a ibogaína.

Lambaréné, no Gabão, nação africana 75 quilômetros ao sul da linha do equador, reúne cerca de 40 mil habitantes, tem rios e lagos formosos, mas pouca coisa que pudesse retirá-la da obscuridade em que permanecem as cidades do continente africano para o restante do mundo. Ali viveu e morreu o médico franco-germânico Albert Schweitzer (1875-1965), que ganhou o prêmio Nobel da Paz de 1952 pela obra humanitária realizada na localidade, onde ergueu um hospital que leva o seu nome e até hoje recebe vítimas de doenças tropicais como a malária.

Além da fama angariada pela associação com Schweitzer, o nome da cidade gabonense circulou também fora da África nos rótulos de um remédio antidepressivo e estimulante mental e físico do laboratório francês Houdé, em comprimidos de cinco e oito miligramas. O medicamento esteve no mercado de 1939 a 1970,[1] quando foi retirado de circulação após ser associado com distúrbios cardíacos. Seu princípio ativo era um alcaloide extraído da casca da raiz do arbusto *Tabernanthe iboga*, isolado por químicos em 1901, mas de uso ancestral na religião bwiti, praticada por 2 a 3 milhões de pessoas na região da bacia do rio Congo, principalmente das etnias fang e mitsogo, no Gabão, em Camarões e na República Democrática do Congo.[2] No ritual de iniciação bwiti, a pessoa passa dias sob o efeito do extrato da raiz, num transe que lhe daria acesso ao reino dos mortos.

Até 1962, além de um remédio francês de nome estranho, a ibogaína foi quando muito uma droga exótica e rara entre as substâncias de abuso. Seu efeito prolongado atraiu o dependente de heroína Howard Lotsof a experimentá-la naquele ano, em Nova York, presenteada por um amigo com a promessa de uma viagem de dois dias. Depois de 33 horas, exausto, o jovem se deu conta de que não estava passando pelos sintomas de abstinência do poderoso opioide. Pela primeira vez na vida, não estava com medo, como relata no documentário *Ibogaína: Rito de passagem*.[3] Ao longo de 1962 e 1963,

Lotsof convenceu a namorada e seis amigos a tomar o extrato, e em todos os casos as pessoas conseguiam romper o ciclo vicioso da dependência química, como ocorrera com ele, livrando-se dos sintomas dolorosos da abstinência.

"Vi então a heroína como uma droga que emulava a morte. E o pensamento imediatamente posterior em minha mente foi: 'Eu prefiro a vida à morte'."[4] Convertido em apóstolo da ibogaína, o rapaz passou a procurar médicos e pesquisadores para estudar a droga, de início sem grande sucesso, inclusive porque o composto entrou em 1967 para o Schedule 1 dos Estados Unidos, proibição que se espalhou por grande número de países. Lotsof conta que observara em primeira mão como dependentes eram miseravelmente tratados pela sociedade. Para fazer algo de sua vida, teve a percepção de que a coisa mais importante seria transformar a ibogaína em uma droga com aprovação médica. Em 1985, obteve nos Estados Unidos a patente da substância como "um método rápido para interromper a síndrome de dependência de narcótico".[5] Devido à proibição, mantida independentemente da proteção patentária, conterrâneos buscavam tratamento em clínicas de outros países, como no *pueblo* de Sayulita, México.

Centros de tratamento de dependentes com ibogaína começaram a surgir em outras paragens além do México (Panamá, St. Kitts, Eslovênia, Reino Unido, Holanda, República Tcheca), tirando proveito mais da ausência de regulamentação do que de uma legalização. A maioria dessas iniciativas se dava, porém, numa espécie de subcultura clínica em que se misturavam outras terapias alternativas. Os resultados alcançados chamaram a atenção de alguns poucos pesquisadores, e em 1991 se obteve, com modelos animais, a prova de princípio de que a ibogaína de fato podia interromper a autoadministração compulsiva de drogas. Em 1999, realizou-se em Nova York o primeiro encontro científico sobre a substância obtida da *T. iboga*, que uma década depois ganharia mais espaço com a chamada renascença psicodélica — por exemplo, nas conferências Psychedelic Science de Oakland.

Os químicos já tinham entrado em ação. Em 1957, determinaram a estrutura molecular da 10-metoxibogamina (nome técnico do alcaloide ibogaína, $C_{20}H_{26}N_2O$) e, em 1965, as vias de síntese do composto.[6] Descobriu-se que ele não era exclusivo da planta originária do Gabão. Havia uma centena de alcaloides similares em outros vegetais da família *Apocynaceae*, como *Voacanga africana* e *Peschiera affinis*, esta nativa do Brasil e conhecida como grão-de-galo, planta medicinal utilizada, entre outros, pelo povo indígena tapeba, do Ceará. Outra ainda, mais conhecida do público, é *Catharanthus roseus*, a vinca-de-madagascar, parente da planta popularmente chamada de maria-sem-vergonha pela facilidade de cultivo, que produz dezenas de alcaloides — dois deles, vimblastina e vincristina, possuem comprovada atuação anticâncer, sem efeito psicodélico conhecido.

Os esforços de Lotsof para atrair aliados na comunidade científica caminharam lentamente até culminar, em novembro de 1999, na realização da Primeira Conferência Internacional sobre Ibogaína, na Escola de Medicina da Universidade de Nova York.[7] Até mesmo técnicos do governo americano compareceram. Entre eles, representantes da agência de fármacos FDA, que autorizara testes clínicos preliminares com a droga, recrutando um número reduzido de seres humanos para verificar segurança, efeitos adversos e doses ativas. Uma figura-chave na organização do evento foi Kenneth Alper, com quem Lotsof, o antigo viciado em heroína tornado apóstolo da poção africana, publicara no mesmo ano um artigo científico pioneiro sobre o tratamento de abstinência aguda de opioides com ibogaína.[8] O estudo se baseava no relato de 33 dependentes de heroína observados por dois a três dias após a ingestão da substância, dos quais 25 não apresentaram sintomas de abstinência no período.

Esses 33 casos de pessoas tratadas entre 1962 e 1993 foram apresentados a um comitê de revisão da ibogaína criado pelo Instituto Nacional de Abuso de Drogas dos Estados Unidos (Nida, em inglês). A ocorrência de uma morte durante o estudo decerto não terá contribuído para favorecer a imagem da planta africana aos olhos do establishment médico americano. Na Holanda, onde se passou a maioria dos tratamentos, uma jovem de 24 anos com histórico de consumo diário de 0,6 grama de heroína, recebera no experimento uma dose de ibogaína de 29 miligramas por quilo de peso e, dezessete horas após a ingestão, passou a reclamar de náuseas e dores musculares. Uma hora depois sofreu uma parada respiratória, provavelmente por aspiração do próprio vômito, e morreu. Após investigação, a causa oficial da morte permaneceu inconclusiva, mas havia pelo menos um indício: entre seus pertences, foi encontrado papel-alumínio queimado, muito usado na Holanda para fumar heroína, sinal de que a participante consumira outra droga na mesma época do experimento. Além disso, traços de morfina no organismo sugerem que ela morreu por intoxicação aguda pelo efeito combinado da ibogaína com um opioide. Num artigo de 2012[9] sobre dezenove mortes ocorridas entre 1,5 e 76 horas após aplicação de ibogaína, Kenneth Alper, Marina Stajić e James Gill concluem, após análise dos dados clínicos e de necropsia disponíveis, pela inexistência de uma síndrome de neurotoxicidade específica para ibogaína, atribuindo os óbitos a comorbidades como distúrbios cardiovasculares e abuso de outras substâncias.

Lotsof morreu em 2010, 48 anos após sua experiência libertadora com o extrato da raiz da *T. iboga*, sem ver a substância retirada do Schedule 1, índex no qual permanece até hoje.

Círculo infernal

Numa de suas últimas internações, em 2012, Carolina Facó permaneceu cinco meses reclusa e tomava catorze remédios psiquiátricos. Sentia-se dopada o dia inteiro. Foi quando a mãe encontrou na internet as referências à ibogaína e a um estabelecimento de Curitiba que oferecia o tratamento, a Clínica Cleuza Canan, depois rebatizada Clínica Liberty, especializada em recuperação de dependentes químicos. Na realidade, ali se realizava internação, desintoxicação e acompanhamento terapêutico — a aplicação propriamente dita da ibogaína acontecia a 450 quilômetros da capital paranaense, na pequena cidade de Santa Cruz do Rio Pardo (SP), que nunca se destacou como centro de pesquisa ou tratamento médico.

Internada em Curitiba, Carolina enfrentou o período de desintoxicação recomendado como preparação para tomar ibogaína. Os remédios foram suspensos, ela parou de fumar, e os efeitos conhecidos da abstinência se apresentaram com fúria: não conseguia dormir, tremia o tempo todo. Nesse estado, a moça de então trinta anos enfrentou o percurso de cinco horas e meia de carro até a cidadezinha paulista, onde foi internada por 24 horas pelo gastroenterologista Bruno Rasmussen Chaves. No hospital, foi submetida a exames como eletrocardiografia e monitoramento durante a fase aguda do efeito da droga, de quatro a oito horas, e também durante as várias horas subsequentes em que o paciente já não se encontra mais viajando entre imagens vívidas da vida pregressa e da dependência, mas ainda sente a influência da substância e mergulha numa fase introspectiva.

Não foi o que aconteceu com Carolina, porém. "Não senti nada", contou a psicóloga oito anos depois. Elogia o médico, "boa pessoa", com quem conversou muito, mas retornou a Curitiba e depois a São Paulo sem se livrar da fissura por crack. Equilibrava-se como podia frequentando o Centro de Desenvolvimento Integrado Luz do Vegetal, uma escola religiosa dirigida por Elza Piacentini, dissidente da associação ayahuasqueira União do Vegetal. Mais seis meses e Carolina ficou sabendo, em 2013, de um centro no Acre que também ministrava ibogaína. "Fui, tomei, e foi incrível", relembra. "Entrei no meio da floresta, parecia que estava com uma tribo dos bwiti. Vieram lembranças da minha infância. Foi um renascimento, mesmo, muito forte. Fiquei sob o efeito uns três ou cinco dias. Não cheguei a vomitar."

Não foi ainda daquela vez, contudo, que Carolina se livrou por completo da dependência. De volta a São Paulo, tomou ibogaína mais algumas vezes, na cidade vizinha de Arujá e em sessões com um "doutor da África" em visita ao Brasil, cujo nome prefere não citar. Sua vida começou a retomar rumo e propósito quando decidiu abrir uma clínica para oferecer a outros adictos os benefícios do extrato da *T. iboga*, batizando-a de Vida Livre, empreendimento em que contou com ajuda de Elza Piacentini. Não havia ainda regulamentação restritiva no Brasil, e a terapeuta alternativa chegou a tratar uma centena de pessoas, incluindo pacientes do Paraguai e da Espanha, após quinze dias de desintoxicação obrigatória. "Só que nem todos ficavam bem", ressalva. "A ibogaína não é um milagre de Deus, como alguns falam, ou vendem como solução. Não existe cura", afirma, convicta de que, por sua própria experiência, quem foi dependente químico sempre está sujeito a reiniciar o abuso.

Com ajuda da ayahuasca, usada regularmente, e da ibogaína, que tomava duas vezes por ano "para reforço", permaneceu limpa e produtiva por quase quatro anos. Em 2016, após uma desavença amorosa, voltou para o crack, mas foi a última recaída. Na sua avaliação, foi também a pior, a mais degradante. "Comecei a cuidar de todo mundo e esqueci de mim. Enquanto não souber cuidar de mim, não vou saber cuidar de ninguém." Fechou a clínica Vida

Livre na época em que tratamentos com ibogaína se alastravam, inclusive com aplicações de doses altas e pelo menos uma morte (em 2016, numa clínica de Paulínia, outra cidade do interior paulista, caso que será apresentado mais adiante). Terminou a faculdade de psicologia e se aprumou: no momento da entrevista, em 2020, estava sóbria fazia quatro anos. Não recorre à ayahuasca nem à ibogaína, não fuma, não bebe álcool nem usa qualquer outra substância psicoativa — com exceção do antipsicótico quetiapina e do estabilizador de humor lamotrigina, remédios psiquiátricos que vinha tomando por quatro meses. Trata dependentes químicos, mas sem auxílio da ibogaína, que não pode prescrever, e sem falar da própria experiência de dezesseis anos com abuso de drogas, só da importância de uma vida regrada e simples.

"Não desejo para ninguém o que passei. Na última recaída, não conseguia parar. Fiquei seis dias debaixo de uma ponte. Mentia muito para a família, e mesmo assim meus pais nunca desistiram de mim", recorda com sinceridade dolorida, os olhos grandes, úmidos e luminosos fixados no entrevistador. Questionada sobre o que foi determinante e mais a ajudou a domar a dependência, responde que foram vários fatores, pela ordem: ibogaína, ayahuasca, Narcóticos Anônimos e pessoas que a amavam verdadeiramente. "Ayahuasca, maconha e iboga são plantas de poder, mesmo. Mas não para uso recreativo, só para uso medicinal. Hoje sou adicta de açúcar. Como doce todo dia", conclui, em meio a risadas.

O clínico e gastroenterologista Bruno Rasmussen Chaves conta que tomou ciência da ibogaína inteiramente por acaso. Em 1994, fazia um estágio de endoscopia na Universidade de Miami e um dia se sentou na mesa do refeitório com Howard Lotsof, que lhe contou sua história de libertação da heroína, em 1962, com ajuda da planta africana. Ficou sabendo também da proibição do composto nos Estados Unidos, assim como da existência de clínicas no México e no Panamá a que os dependentes americanos recorriam para se tratar. Pensou, na época, que poderia ser mais fácil oferecer a terapia no Brasil, onde a substância não era regulada.

De volta ao país, retomou o trabalho no consultório de gastroenterologia. Em 1997, uma paciente mencionou que o filho estava viciado em cocaína, e o médico lhe sugeriu a clínica panamenha, mas a mãe do rapaz não tinha meios financeiros para custear o tratamento no estrangeiro. Amparando-se no direito à saúde garantido pela Constituição, a família importou cápsulas de ibogaína, que Bruno ministrou ao dependente. Com o bom resultado, ele se animou e passou a acompanhar pacientes adictos de psiquiatras e psicólogos, como os da Clínica Cleuza Canan, em Curitiba, que recorriam à ibogaína. "Não sou psiquiatra e não precisaria ser, porque minha parte é a parte clínica, cuidar do paciente enquanto ele está sob efeito, como um cirurgião que entra para operar, e depois é o fisioterapeuta que entra [para acompanhar a recuperação]", esclarece.

A Agência Nacional de Vigilância Sanitária (Anvisa) aumentou a segurança jurídica do tratamento antidependência em 2011, com uma norma específica que autorizava o uso individual de medicamentos ainda não registrados. A regulamentação foi detalhada em 2013 por meio de uma resolução de sua diretoria colegiada (RDC 38), que prevê a autorização da agência, em caráter pessoal e intransferível, para acesso a medicamento que apresentar evidência científica da indicação ou estiver em qualquer fase de desenvolvimento clínico, desde que os dados iniciais sejam promissores e que se comprove a gravidade da doença e a ausência de tratamentos disponíveis.[10]

Desde o caso pioneiro de 1997 até 2020, Bruno havia tratado cerca de 1500 dependentes químicos com ibogaína, inicialmente em parceria com a clínica de Curitiba, depois com o psicólogo paulistano e xará Bruno Gomes (o mesmo em cuja companhia me iniciei na ayahuasca), que lhe encaminha pacientes e providencia o acompanhamento psicoterápico daqueles que procuram espontaneamente o gastroenterologista. O médico orienta os pacientes na navegação através do oceano burocrático da Anvisa para importar a droga. A internação se faz num hospital particular, a Santa Casa de Ourinhos, outra cidade do interior paulista, onde Bruno passou a realizar as aplicações em 2014. A pessoa que ingere ibogaína passa por exames de laboratório, faz eletrocardiograma e é monitorada ao longo de pelo menos 24 horas. "Nunca tivemos nenhuma complicação", afirma. "O efeito é de facilitar a psicoterapia. Só iboga não funciona direito, não."

Mesmo com a grande casuística acumulada em 23 anos tratando adictos com ibogaína, Bruno diz que não extrai seu sustento dessa terapia, e sim de sua atividade clínica em gastroenterologia. No entanto, é a primeira que lhe traz mais realização: "A medicina psicodélica já não é vista como algo tão absurdo", afirma, "é realmente interessante como ajuda. Daqui a um ano o paciente [da clínica de gastro] nem lembra de mim. Com iboga, não, é muito prazeroso ver o paciente chegar ao ponto de abandonar o abuso de substâncias". Além de países da América Latina, Bruno já recebeu dependentes dos Estados Unidos, da França, da Itália e da Escócia. Embora a ibogaína possa ser obtida em clínicas alternativas de outras nações, não raro clandestinas, ele diz que adictos escolhem fazer a longa viagem ao Brasil porque preferem "ter um médico pegando na sua mão".

Bruno contava 57 anos quando o entrevistei em dezembro de 2018. Concluiu sua graduação em 1984 na antiga Escola Paulista de Medicina, hoje Universidade Federal de São Paulo (Unifesp). Lá, teve como professor o psiquiatra Dartiu Xavier da Silveira, especialista em dependência de álcool e drogas. Animado com os resultados que vinha obtendo no tratamento com ibogaína, procurou o antigo mestre porque queria conferir validade científica à experiência acumulada que, para a comunidade acadêmica, recairia na categoria das observações que se costuma denominar de anedóticas, pejorativamente, por não provirem de estudos rigorosos. Dartiu aprovou a ideia e lhe sugeriu que colaborasse com outro aluno seu, o biomédico Eduardo Schenberg.

A escolha inicial do grupo foi partir para um estudo do tipo retrospectivo, lançando mão do grande número de casos acumulado por Bruno. Com ajuda da Clínica Canan, conseguiram retomar contato com 75 pacientes tratados e submetidos à ibogaína em Santa Cruz do Rio Pardo, de 2005 a 2013, com doses relativamente baixas, entre dezessete e vinte miligramas por quilo de peso. Quase três quartos dos participantes nas entrevistas eram ou haviam sido usuários de múltiplas drogas, em geral crack, cocaína, maconha e álcool. O maior contingente (44%) tinha passado por duas sessões com ibogaína, mas houve quem contasse três delas (19%), quatro (7%), cinco (3%) e até nove (uma pessoa).

Os resultados se encontram no artigo "Treating Drug Dependence with the Aid of Ibogaine: A Retrospective Study" ("Tratando a dependência de drogas com ajuda de ibogaína: um estudo retrospectivo"), de 2014, que tem Eduardo como primeiro autor, Bruno como colaborador e Dartiu como supervisor.[11] As entrevistas constataram que todas as oito mulheres participantes estavam inteiramente abstinentes, mesma condição em que se encontravam 57% dos homens (ou até 72%, se computados também os que tinham vivenciado recaídas e se encontravam ainda em tratamento). Entre os que haviam sido submetidos a mais de uma sessão de ibogaína, a abstinência alcançava até nove meses de duração.

Os autores ressalvaram, contudo, que a pesquisa comportava viés importante: como a clínica exigia de trinta a sessenta dias de suspensão do consumo de drogas antes das sessões com o extrato da planta africana, não se podia descartar que a metodologia empregada tivesse selecionado precisamente aquelas pessoas mais propensas a abandonar a dependência, independentemente da substância cujo potencial terapêutico se encontrava sob investigação. Ainda assim, o estudo constituía uma excelente notícia para estimados 150 a 270 milhões de usuários e dependentes de drogas ilícitas no mundo, dado que os tratamentos convencionais para a condição apresentam eficiência bem mais baixa, com recuperação em geral da ordem de um quarto dos pacientes. "Os resultados sugerem que o uso da ibogaína supervisionado por um médico e acompanhado por psicoterapia pode facilitar prolongados períodos de abstinência, sem a ocorrência de fatalidades ou complicações", concluíram os pesquisadores.

Uma característica marcante do estudo brasileiro está no fato de os participantes serem em geral dependentes do consumo de crack, uma droga estimulante. Quase toda a escassa literatura médica sobre ibogaína se concentra no tratamento de viciados em substâncias analgésicas e sedativas classificadas como opioides, desde a heroína que Howard Lotsof consumia em 1962 até a mais recente epidemia de overdoses por uso de oxicodona e fentanil nos Estados Unidos. Não deixa de ser surpreendente que a ibogaína alcance sucesso na recuperação da dependência de substâncias tão díspares.

Pesadelo

Dez anos. Quando o entrevistei em abril de 2019, Fernando Queluz (nome fictício) contava uma década inteira sem usar drogas, após outros dez anos em que colecionara 22 internações. O abuso começara como acontece com tantos jovens: aos dezesseis, fumando maconha e bebendo com amigos da escola. Em Curitiba, um dia, um dos meninos da roda tirou uma pedra de crack do bolso para fumar e ofereceu a todos, que recusaram — com exceção de Fernando. No dia seguinte, fumou de novo. Em poucas semanas o uso já era diário. Em quatro meses, a casa caiu: foi pego pela polícia usando crack num barracão abandonado.

O pai o arrastou para uma clínica, mas a primeira internação durou apenas dezesseis dias. Numa saída de fim de semana, Fernando conseguiu crack e levou para o estabelecimento, para fumar as pedras na companhia de dois pacientes. Terminou expulso, fato que se repetiria em mais duas clínicas. De outras, simplesmente fugia. "A compulsão pelo crack era muito forte. Passava dois ou três dias acordado, sem comer, só fumando, bebendo água e cerveja. Fiquei até os 24 ou 25 anos nessa base. Já estava querendo sair fora, desesperado desde a segunda ou terceira internação. Aí conheci a ibogaína, com o doutor Bruno Rasmussen."

A viagem até Santa Cruz do Rio Pardo foi de ônibus, na companhia da mãe. O gastroenterologista os recebeu na rodoviária, levou para um hotel, explicou como seria o dia seguinte e deixou a recomendação de que Fernando não se alimentasse depois das dez da noite, pois a droga seria tomada em jejum para diminuir a probabilidade de mal-estar mais forte. Dez anos depois, aos 35 anos, ele conta que o efeito da ibogaína foi muito diferente do que conhecia de outras drogas. Não conseguia ficar de olho aberto, tomado por uma sucessão do que chamou de visões e revelações. Muitas coisas e cenas da infância, como se estivesse revivendo o passado: a casa do tio, quando Fernando tinha cinco ou seis anos, com detalhes de todos os móveis e quadros, a brincadeira de cavalinho no colo do padrinho querido. Não faltaram tampouco lembranças ruins e traumas nas cinco ou seis horas da fase aguda da ibogaína, como as brigas frequentes com o pai.

"Uma das coisas mais legais são as fichas que vão caindo na sua cabeça. A planta joga na sua cara as coisas que você precisa mudar, como pessoa, tratar do caráter, não só o problema da droga", resume Fernando sobre as lições obtidas daquela única sessão, em especial quando passa a fase aguda e o efeito se torna mais suave, reflexivo, introspectivo. "É a jornada mais bacana da ibogaína: ela mostra como você é pequeno."

Houve apenas um lapso, como diz, nos dez anos de abstinência. Logo após a sessão terapêutica, viajou a Curitiba para retomar contato com uma filha nascida de um relacionamento fugaz na adolescência. Procurou conhecidos dos tempos do crack, achando-se forte o bastante para resistir à vontade de fumar, mas acabou usando pedras um dia inteiro. Ligou para Bruno em Santa Cruz do Rio Pardo, que lhe pediu calma, e desde então ficou afastado da droga. Transcorreram outros oito anos para ele conseguir reatar o relacionamento com a filha, quando ela já estava com dezoito e morava com a avó materna. "É difícil, no fundo a gente é estranho. Enquanto ela estava crescendo eu estava fazendo uso", lamenta. "O crack tirou tudo, as coisas mais importantes da minha vida. Não teve nem segundo tempo."

Na verdade, houve — sempre há. Fernando se casou, teve outros filhos. Terminou o ensino médio aos 24 anos e depois estudou teologia, já em Ponta Grossa. Ninguém acreditava quando dizia que já tinha vagado pelas ruas, sujo, pesando 49 quilos. Dirigia uma comunidade terapêutica evangélica para dependentes em Ponta Grossa (PR), com quinze funcionários e subvenção da prefeitura local, em 2019, quando foi demitido porque as verbas minguavam. Em abril de 2020, quando nos falamos pela última vez por telefone, em tempos de coronavírus, estava recluso em casa fazendo pães para vender e manter a família.

O relato de Fernando sobre os efeitos da ibogaína coincide em grande medida com os recolhidos pelo grupo de Bruno, Eduardo e Dartiu e apresentados num segundo artigo de 2017 sobre a fenomenologia da experiência psicodélica sob influência da droga originária do Gabão.[12] A reedição vívida de cenas da infância, por exemplo, se mostrou recorrente entre as 22 entrevistas realizadas por outros pesquisadores, cujas transcrições foram analisadas por Eduardo.

Ocorrem também vivências de terror, encontros com parentes mortos, experiências extracorpóreas. Com olhos abertos ou fechados, repetem-se visões de animais, povos indígenas, vida futura, escuridão, acidentes e entidades religiosas, como Jesus Cristo. A ênfase visual e narrativa do que os participantes reportam ter presenciado com a ibogaína, como se fossem sonhos ininterruptos e acelerados, em que a recuperação de memórias se alia a uma imaginação prospectiva, levou os autores a defender que o qualificativo de onírico, onirogênico ou onirofrênico se aplica melhor à substância, mais do que psicodélico. Diz o texto:

> Os relatos fortes e intensos de ter revivido situações difíceis do passado, incluindo overdoses de droga, assim como relatos sobre sensações de morte e renascimento, sugerem que durante o estado alterado de consciência induzido pela ibogaína esses pacientes estão simulando ameaças de maneira recorrente, tanto as do passado quanto as de um futuro possível. Durante a experiência da ibogaína os pacientes podem se tornar conscientes da multiplicidade de possíveis causas e razões a impulsionar seu abuso de drogas [...]. Ao se darem conta de quais são as causas na raiz do sofrimento que impulsiona seu comportamento repetitivo e destrutivo de consumo de drogas, os pacientes estão se autodiagnosticando, isto é, tornando-se cientes das causas de sua própria condição numa perspectiva psicológica bem mais profunda.

Interpretação semelhante sobre o modo de ação da ibogaína no desarme da dependência química foi defendido por outro estudo, de 2019, conduzido por Thomas Brown e Julie Denenberg, da Universidade da Califórnia em San Diego, com Geoff Noller, da Universidade de Otago, na Nova Zelândia.[13] Participaram 44 pacientes adictos — trinta no México e catorze na Nova Zelândia, onde o uso compassivo se tornara legal em 2009 —, submetidos a três entrevistas com questionários estruturados, uma antes do tratamento, outra imediatamente após e a terceira um ano depois. À diferença do estudo brasileiro, nesse caso a pesquisa tinha caráter prospectivo e a maioria dos pacientes recrutados era de dependentes de opioides, não de crack e cocaína, e foi tratada com doses mais altas de ibogaína: entre 22 miligramas por quilo de peso, no caso do México, e 31 miligramas, na Nova Zelândia, contra os 17 a 20 miligramas no caso brasileiro.

Nos relatos obtidos por Brown, Denenberg e Noller, os conteúdos aflorados como em sonhos continham muitas cenas e sentimentos da infância, assim como arrependimentos e remorsos por atitudes com pessoas próximas. Mas houve também narrativas de lampejos positivos, como libertação de sentimentos de culpa e de autodesvalorização, aumento da empatia, vivências místicas e transformação espiritual. Para os autores, essa elaboração psíquica tem papel fundamental no relativo sucesso alcançado em cerca de 3 400 tratamentos realizados até 2006, conforme seu levantamento, em cerca de oitenta centros de ibogaína espalhados pelo mundo: "As experiências relatadas dão apoio à significância dos efeitos oníricos da ibogaína como elemento discreto em sua capacidade de cura, que se distingue das ações farmacológicas associadas com redução dos sintomas de abstinência e da fissura". Em outras palavras, para eles o conteúdo da jornada mental impulsionada pela ibogaína tem tanto impacto terapêutico quanto seus efeitos fisiológicos.

*

O mecanismo bioquímico por trás da ação complexa e desconcertante da ibogaína apenas começa a ser compreendido. Como outros compostos psicodélicos, ela tem efeito sobre o receptor neuronal 5-HT2A, peça do sistema do neurotransmissor serotonina que está na base de experiências psicodélicas com LSD, psilocibina e DMT — o agente polinizador reintroduzido para restaurar a ecologia complexa do cérebro, para retomar a analogia da floresta degradada a que recorri em capítulos anteriores. Mas a ibogaína também age sobre o receptor NMDA, sensível ao glutamato, outro neurotransmissor com papel importante na formação de sinapses e na aquisição de memórias, processos regenerativos sem os quais os traumas não podem ser processados, assim como as clareiras e cicatrizes abertas na mata por madeireiros predadores não se fecham sem o concurso de insetos, morcegos e pássaros que lhe trazem o pólen e as sementes. Ganhou atenção, além disso, a atuação dos componentes da planta africana em favor da substância conhecida como GDNF, da abreviação em inglês para fator neurotrófico derivado de células da glia (as responsáveis por dar suporte e nutrição aos neurônios, como o solo e o húmus da floresta), que parece exercer função decisiva no desarme de comportamentos compulsivos.

O desenvolvimento da dependência química se dá porque as drogas de abuso, pelo que se conhece, provocam uma inundação do neurotransmissor dopamina no núcleo *accumbens*, o centro de prazer do cérebro, e parecem fazê-lo perturbando a produção normal de GDNF que protege neurônios dopaminérgicos de outra região cerebral, a área tegmental ventral (VTA, na sigla em inglês). Pense num trecho derrubado da mata em que a matéria vegetal abundante sobre o solo atrai saúvas cortadoras das folhas novas das plantas que nascem e não conseguem por isso se estabelecer, mantendo a clareira vazia. Verificou-se em experimentos com roedores que baixos níveis de GDNF tornam os animais mais propensos a pressionar compulsivamente a barra que lhes dá acesso a drogas como cocaína; outros testes mostraram que injetar o fator neurotrófico na VTA tem o efeito exatamente oposto.[14] A ibogaína, por sua vez, aumenta a secreção de GDNF nessa mesma área do cérebro, e os ratos tratados com ela reduzem a autoadministração de morfina e cocaína, mas não a de água, um insumo vital que qualquer animal precisa consumir independentemente de ter seu núcleo *accumbens* afogado em dopamina.

O impacto da ibogaína sobre neurotransmissores e regiões do cérebro envolvidos no processamento de memórias também parece crucial. Como sabe qualquer pessoa que tenha criado vício por qualquer substância, por exemplo o tabaco, com o passar do tempo diminui o prazer experimentado durante o consumo (fenômeno da tolerância). O desprazer intenso da fissura e a lembrança do bem-estar proporcionado pela droga, contudo, continua a motivar o dependente a buscar compulsivamente a substância de abuso. A associação entre prazer e memória pode ser forte a ponto de deflagrar uma recaída no consumo da substância de abuso, mesmo após prolongado período de abstinência, quando a pessoa se vê de volta a contextos e situações em que consumia a droga — como aconteceu com Carolina, ao rever amigos no casamento do irmão, e com Fernando, quando reencontrou companheiros de noitadas de crack ao retornar a Curitiba para visitar a filha.

Com a empatia reavivada pelo efeito psicodélico clássico da ibogaína, mediado pelo fertilizador sistema serotoninérgico, não surpreende que a revisitação de episódios biográficos durante a viagem venha acompanhada de remorso e arrependimento pelos danos causados não só a parentes e outras pessoas queridas, nas passagens mais degradantes da dependência, mas ao próprio dependente. Bioquímica e recordações poderosas, tanto as boas quanto as ruins, ao que parece, atuam em sinergia para dar ao adicto a chance de converter os pesadelos do vício no sonho de uma vida simples e tranquila — normal, que seja.

Reset

Uma vida normal era tudo que Fabrício Brotas (nome fictício) sempre quis ter — e nunca terá, mesmo estando há quase quatro anos em remissão da dependência de cocaína no momento em que o entrevistei, em abril de 2019. O abuso começara quinze anos antes, quando ele contava dezessete de idade, "por curtição" com amigos. A frequência do consumo foi aumentando até se tornar diária, quando o fã paulistano do universo *rockabilly*, tatuado com caveiras mexicanas e uma voluptuosa pinup no braço, cursava a faculdade de rádio e TV e se afundava na depressão. A primeira internação psiquiátrica veio após uma tentativa de suicídio: "Foi juntando, juntando, até que tomei um monte de remédios e fui parar no hospital. Não tinha noção de que a dependência era uma doença, achava que [a qualificação] era uma coisa muito extrema, até que cheguei nela".

Nos dez anos subsequentes, passou por mais oito internações, e sempre voltava a cheirar coca em poucas semanas ou meses. Numa delas quase morreu, em 2014: durante uma rebelião na clínica Best Way, no bairro Tanque Seco de Nazaré Paulista (SP), quatro internos puseram fogo no dormitório e um homem mais velho não resistiu à inalação de fumaça, morrendo em seguida. Conta que precisou arrombar uma porta e ajudou a carregar um senhor, que entrara em convulsão. Em outra clínica, em Juquitiba (SP), presenciou um suicídio. Fugia de todas, e a cada recaída firmava a convicção de que nunca se recuperaria. A relação com os pais piorava a cada internação. "Não gosto nem de lembrar o que eles podem ter passado — e eu também. Só cheirava, não gostava de nada."

Foi graças ao pai e a um programa de televisão que Fabrício encontrou a porta de saída. Em 2015, um segmento do programa *Profissão Repórter*, da Rede Globo,[15] mostrou o caso de Paulino, um serralheiro viciado em crack que conseguira se livrar da dependência depois de passar por um tratamento com ibogaína no Instituto Brasileiro de Terapias Alternativas (IBTA) em Paulínia (SP). Em janeiro de 2016, foi a vez de Fabrício, levado pelos pais, enfrentar uma espécie de morte e ressurreição com o extrato da planta dos xamãs bwiti do Gabão. Não tinha uma ideia clara do que iria acontecer na clínica: "Achava que era 50% de chance de morrer, algum ritual no meio da mata".

Não foi bem assim. Acompanhado do pai, hospedou-se por cinco dias num hotel em frente ao Instituto. Na primeira sessão de tratamento, numa segunda-feira, passou pelo que chama de "exame holístico": o terapeuta alternativo Rogério Moreira de Souza, proprietário do IBTA, faz uma "leitura" do paciente (conhecida por *BodyTalk*), fixa a dose de *reset* que será ministrada no dia seguinte e monitora possíveis reações adversas com uma pequena quantidade de ibogaína. Da terça-feira, quando empreendeu por cerca de oito horas a intensa viagem da *Tabernanthe iboga*, Fabrício pouco se recorda — só se lembra de visões muito fortes, da dificuldade para andar ou falar e de muita vontade de dormir. "No hotel, tive vários sonhos estranhos, que mexeram comigo."

No terceiro dia, quarta-feira, tomou uma dose menor e passou por psicoterapia. Na quinta, outra quantidade pequena, palestra e descanso. Na sexta, o quinto e último encontro no IBTA foi para orientação sobre o que faria dali em diante. Conta que deixou a clínica emocionalmente muito mexido, com medo, mas carregando alguma coisa diferente em si mesmo, como descreveu:

> Senti o amor no terapeuta pela primeira vez [em contraste com as experiências anteriores em instituições psiquiátricas]. Vou precisar de outras encarnações para ter perdão em meu coraçãozinho, fui amarrado, apanhei. Senti [no IBTA] que estavam preocupados comigo. O sistema de tratamento psiquiátrico de dependentes no Brasil é vergonhoso. Psiquiatras despreparados, arrogantes, dão remédio sem nem ver o paciente. No IBTA não o julgam; noutras clínicas é só acusação, pessoas desequilibradas.

Ouviu dos terapeutas que, saindo dali, a responsabilidade quanto ao que fazer da vida seria apenas sua. De volta a São Paulo, até se lembrava da droga e tinha vontade de retomá-la, mas sem compulsão: "Vontade passa, fissura não, é uma sensação animal". Desaparecera o embotamento afetivo de quando usava cocaína. Dois meses depois, um pouco deprimido, percebeu que estava no caminho da recaída, e voltou para a clínica de Paulínia para uma redosagem.

Depois disso, ficou mais de três anos limpo. Nem tabaco consome mais, embora fumasse dois maços de cigarro por dia antes do encontro com a ibogaína. Foi uma reforma total, como diz: parou de falar com as pessoas com quem andava antes, mudou a alimentação, deixou de frequentar bares e casas noturnas e de ver filmes ou ouvir músicas que tratam de drogas. Passou a procurar parques, fez novos amigos, retomou a psicoterapia. Tornou-se mais religioso e começou a frequentar rituais de umbanda. No lugar do antigo sonho de integrar uma banda *rockabilly*, toca atabaque nos rituais de origem africana.

Em agosto de 2017 veio o golpe definitivo contra a esperança de vida normal. Com problemas de visão, uma névoa no olho direito que evoluiu em poucos dias para escuridão, procurou atendimento. Uma investigação mais profunda resultou no diagnóstico de esclerose múltipla, doença neurológica autoimune, sem cura nem causa conhecidas, em que as células de defesa do corpo atacam o sistema nervoso, provocando fadiga, dores, descoordenação motora, dificuldades com fala e deglutição, entre outros sintomas. Abalado, Fabrício buscou o IBTA em meio a novo surto, onde recebeu "doses homeopáticas" de ibogaína que, segundo diz, retardam a progressão dos sintomas. Também foi medicado com natalizumabe, anticorpo monoclonal, tratamento convencional para a esclerose múltipla.

Na época da entrevista, o rapaz procurava trabalho na região de Paulínia, onde morava a namorada, a 120 quilômetros de São Paulo. O diagnóstico de esclerose se revelou uma barreira intransponível nas entrevistas de emprego, mas não grave o suficiente para caracterizar a condição de portador de deficiência física capaz de lhe facilitar uma das vagas da reserva obrigatória por lei. Nessa espécie de limbo profissional, sem nunca ter exercido o ofício aprendido na faculdade de rádio e TV, Fabrício faz camisetas para vender.

O pé-direito duplo, um lustre de cristal e a decoração em dourado conferem um ar de consultório médico afluente ao saguão de entrada do IBTA, onde o cliente tem acesso a 41 modalidades de terapias alternativas — de medicina quântica, chinesa ou indiana a tratamento com ibogaína. São dezesseis funcionários, alguns deles antigos dependentes químicos, para atender cinquenta pacientes por mês. Segundo Rogério Moreira de Souza, cerca de 4 mil pessoas haviam sido tratadas com o composto da *Tabernanthe iboga*, a maioria drogadictos, até abril de 2019, quando se realizou a entrevista. A taxa de sucesso reivindicada pelo odontólogo e proprietário é de 70%.

A inclusão da iboga no rol das terapias heterodoxas da clínica se dera dez anos antes, quando Rogério recebeu um rapaz interessado em apoio para um período de desintoxicação, pré-requisito para realizar o tratamento na Costa Rica com a substância de origem africana. Até então, o IBTA nunca tinha atendido um dependente químico, e ninguém ali tinha ouvido falar da droga. No retorno do paciente, conta o terapeuta, o rapaz era outra pessoa. "Fui atrás, busquei estudar, passei pela experiência [com o composto] dentro do aprendizado", relembra Rogério, que viajou ao país centro-americano para treinamento na administração do remédio.

Nesta altura da entrevista, Alberto Edwards, psicólogo da clínica e ele mesmo um dependente químico resgatado pela ibogaína, se junta a nós. Claramente é o esteio intelectual do instituto, pois de pronto faz um resumo competente da escassa literatura médica sobre os efeitos do hidrocloreto de ibogaína: onirofrênico, não propriamente alucinógeno, estimula visões que mais se assemelham a sonhos do que a figuras ilusórias e lança o paciente num estado entre sono e vigília com sua atuação sobre os sistemas dopaminérgico e serotonérgico, além de modular o GDNF na VTA para desarmar a memória indelével das substâncias de abuso no cérebro etc. "Cocaína, cheirava muito. Onze anos. Quando tomei [ibogaína], deu uma tranquilidade muito grande, via o rosto de meus filhos. Depois me formei em psicologia, estou fazendo especialização no Hospital Albert Einstein."

Rogério, o chefe, se encarrega de explicar em termos mais metafóricos a ação da ibogaína no desmonte da fissura e dos sintomas dolorosos da abstinência:

> Todos nós nascemos dependentes químicos — do oxigênio, depois do leite materno, da água. A dependência química é um mecanismo de sobrevivência primitivo. O problema é quando a pessoa põe dentro desse aplicativo a informação de uma substância ilícita, porque aí informa o aplicativo neurológico de que aquela substância de agora em diante é necessária para a sobrevivência. A partir do momento em que aquela informação é codificada no cérebro, ela

> vai precisar do crack, da cocaína, para se manter viva. É como se a ibogaína limpasse aquela informação, tirando do arquivo. Enquanto ela está lá, na fissura, a pessoa começa a ter um monte de reações como se estivesse correndo risco de vida. É o lado reptiliano do cérebro, o mesmo que fazia as pessoas pularem das Torres Gêmeas.

O IBTA não se limita a administrar a ibogaína para dependentes químicos, pois seus dirigentes argumentam que ela traz também benefícios a outras condições, como depressão e traumas emocionais, ou até para autoconhecimento e melhora de desempenho profissional e intelectual. "É seu direito constitucional, uma substância que não está proibida. Se [a pessoa] tem necessidade biológica e busca, vai passar por uma avaliação. Tendo condições, por que não?" — argumenta Rogério. "Qualquer cidadão pode importar para uso e finalidade individual. A Anvisa só impede a comercialização em território nacional. A gente ajuda no desembaraço da importação." Mas o paciente precisa de recomendação médica, adenda o terapeuta principal, além de passar por exames de sangue e de eletrocardiografia, para excluir contraindicações como arritmias.

Traços ou risco familiar de esquizofrenia também costumam ser critérios de exclusão do tratamento, pela possibilidade de indução de surto psicótico, assim como o consumo recente de drogas. No início das terapias com ibogaína o IBTA não recorria a exames toxicológicos para verificar se a abstinência requerida e informada nas entrevistas e questionários era real, mas hoje em dia o teste é aplicado ao menor sinal de desconfiança do médico que faz a triagem. Rogério ressalta que a clínica tem "UTI móvel de última geração para fazer remoção", se necessário, e que os pacientes submetidos ao tratamento recebem uma pulseira para monitorar batimentos cardíacos por até doze horas no dia da sessão de *reset*. Tudo isso porque em 2016 o instituto teve uma fatalidade: um paciente tinha ingerido grande volume de cocaína, mas preencheu ficha dizendo que estava limpo havia vinte dias. "Na época não fazíamos [exame] toxicológico." Ele passou mal, foi socorrido e morreu no hospital. "A literatura aponta uma fatalidade a cada 1200 tratamentos. O IBTA só tem uma em 4 mil", afirma Rogério.

Fissura

No estudo de 2014 com dependentes de cocaína, crack e álcool, os pesquisadores brasileiros registram ter encontrado na literatura catorze casos fatais relacionados com o tratamento por ibogaína, dos quais doze haviam sido de portadores de comorbidades, condições como doença hepática, úlcera péptica, neoplasma cerebral, hipertensão, moléstia cardiovascular e obesidade.[16] Em artigo mais recente, de 2017, Geoffrey Noller e colaboradores reportam dezenove mortes ocorridas entre 1990 e 2008 em até 76 horas após a ingestão do composto, a maioria por arritmias desencadeadas em indivíduos com problemas cardíacos ou que apresentaram efeitos adversos por interação da ibogaína com outras substâncias.[17]

Noller é pesquisador, consultor e parecerista independente na Nova Zelândia, onde a ibogaína goza desde 2009 de status legal semelhante ao que tem no Brasil: mesmo sem ter passado pelo processo formal de aprovação como fármaco, pode ser prescrita por médicos em casos individuais. Na justificativa para a decisão, o comitê da agência oficial Medsafe menciona o potencial para uso terapêutico, a baixa probabilidade de se tornar substância de abuso e a taxa de mortalidade similar à da metadona (opioide sintético menos potente usado como substituto de heroína em tratamento de redução de danos para dependentes dessa droga).

Tal situação jurídica permitiu a realização do estudo de 2017 mencionado anteriormente, que mostrou bons resultados em teste clínico com catorze pacientes tratados com ibogaína, do qual Noller é coautor, e coincidentemente registrou uma morte entre os participantes.[18]

Essa pesquisa neozelandesa avançou o status da ibogaína na literatura psiquiátrica, em comparação com o trabalho de 2014 de Eduardo Schenberg e Bruno Rasmussen, por ter sido prospectiva, ou seja, por se basear em questionários padronizados aplicados num período fixo de doze meses, e não em entrevistas realizadas meses ou mesmo anos depois, como no estudo brasileiro, mais sujeitas a imprecisões e falhas de memória. Nenhum teste clínico da ibogaína no mundo, à época da redação deste livro, havia ainda seguido todo o roteiro requerido para validar o efeito terapêutico de uma substância com o mais alto padrão da ciência biomédica, o de um estudo randomizado duplo-cego com grupo de placebo — mas uma investigação desse tipo já se encontrava em preparação no Brasil, em mais uma amostra das oportunidades para a ciência psicodélica no país.

À frente da iniciativa se encontra o psiquiatra André Brooking Negrão, do Ambulatório de Álcool e Drogas no Hospital das Clínicas da Faculdade de Medicina da Universidade de São Paulo (HC-FMUSP). O pesquisador contava 54 anos quando nos encontramos pela primeira vez em junho de 2019, em seu consultório paulistano, e vinha de uma longa carreira como experimentador. Trabalhou por cinco anos, de 1995 a 2000, nos Institutos Nacionais de Saúde dos Estados Unidos (NIH), com sede em Bethesda, Maryland. Sua especialidade era neuroendocrinologia de doenças mentais, ou seja, como se dá a regulação (ou desregulação) dos hormônios corporais pelo sistema nervoso em pessoas com transtornos psíquicos. De volta ao Brasil, doutorou-se em genética de abuso de substâncias, em busca de marcadores biológicos de quem usa drogas, e entrou para o grupo de Eduardo Krieger e Alexandre Pereira no Laboratório de Genética e Cardiologia Molecular do Instituto do Coração (Incor), do HC-FMUSP.

Com essa bagagem, se transferiu para o Instituto de Psiquiatria da FMUSP, que tem larga tradição na pesquisa de dependência química (e no qual se realizou o estudo pioneiro com LSD do psiquiatra Clovis Martins, nos anos 1950-60). Começou a colaborar com um trio de Brunos (Gomes, Rasmussen e Nocko) experiente no campo da ibogaína e decidiu se lançar na chamada "terceira onda" dos psicodélicos, da qual se espera varrer o obscurantismo da proibição dos anos 1970 e retomar as promessas interrompidas de terapias e ampliação da consciência nas duas décadas anteriores: "Há grande experiência brasileira, uma subcultura do uso da iboga. É uma boa oportunidade para investir tempo e talento [em seu estudo]", analisa André.

O plano envolve uma equipe multidisciplinar. Além de psicólogos como Gomes e Nocko e de psiquiatras da Unifesp (Dartiu Xavier da Silva) e da Unicamp (Luís Fernando Tófoli), André contará com especialistas do Incor em cardiologia e genética. "Queremos verificar segurança e eficácia contra um grupo de placebo, algo que nunca foi feito no mundo. Na Europa e nos Estados Unidos, por causa do Schedule 1 [o anexo da proibição], não é fácil arranjar dinheiro. Além disso, não tem patente." Serão recrutados oitenta voluntários entre usuários de crack, droga predominante no panorama da dependência de substâncias ilícitas em São Paulo e no Brasil e que coleciona resultados frustrantes até aqui com as políticas opostas de abstinência forçada e de redução de danos. O grupo será partido em dois, e metade receberá uma substância inócua em vez de ibogaína, mas nem as pessoas encarregadas de administrar a droga nem quem a receber saberão quem tomou o quê (a dita estratégia duplo-cego).

Não será rigorosamente exigida a abstinência por trinta dias, como em geral se faz nos tratamentos de ibogaína, porque assim haveria uma seleção de perfis comportamentais mais propensos a um bom prognóstico, ou seja, de resultados melhores com pessoas que tenham conseguido ficar um mês inteiro sem drogas. Os pesquisadores se limitarão a dizer aos participantes que eles tomarão ibogaína ou placebo dentro de quatro semanas e ficarão internados no HC-FMUSP por uma semana para exames (uma forma de garantir a desintoxicação por um período mínimo de cinco dias). Haverá também, no dia da dosagem, um exame toxicológico para consumo de cocaína, ela própria uma substância capaz de causar arritmias, como a derivada da *Tabernanthe iboga*. "Algumas pessoas vão conseguir, outras não. Vamos poder comparar", diz o psiquiatra, que também pretende correlacionar qualidade e intensidade da experiência psicodélica sob ibogaína com o resultado.

A dosagem ocorrerá no sexto dia, na proporção de vinte miligramas por quilo do paciente. A droga, segundo item de peso no custo do experimento, será doada pela empresa Phytostan, sediada no Canadá, que tem interesse em vê-la regulamentada como medicamento no Brasil. A despesa mais alta é a internação hospitalar, com diárias orçadas em meados de 2019 a seiscentos reais por participante, totalizando 336 mil reais garantidos pelo Instituto de Psiquiatria, cujo comitê de ética havia aprovado o teste clínico. Em meados de 2020 viriam o consentimento do HC-FMUSP e a chancela final da Comissão Nacional de Ética em Pesquisa (Conep), subordinada ao Conselho Nacional de Saúde, dando sinal verde para iniciar a fase-piloto do estudo em setembro do mesmo ano, a depender da marcha da pandemia de Covid-19. "Não podemos repetir a fosfoetanolamina", preocupa-se o pesquisador, referindo-se ao escândalo da pílula que supostamente curaria câncer. Depois de ser produzida durante anos em laboratório da USP, verificou-se que era inócua. "Se começar a ter um monte de arritmias, vamos ter de rever o protocolo, fazer uma dose mais baixa." Na época da entrevista, ainda não havia pandemia de coronavírus nem presidente da República fazendo propaganda de panaceias mentirosas contra a Covid-19, como a hidroxicloroquina, um remédio para malária, e a ivermectina, usada contra sarna e piolhos.

André trabalha no projeto motivado pela situação dramática no Ambulatório de Álcool e Drogas do instituto, onde recaídas são a norma e os terapeutas se veem impotentes diante da falta de alternativas eficazes de tratamento. No mundo todo, estima-se que morram 11,8 milhões de pessoas a cada ano por causa da dependência de tabaco, álcool e substâncias ilícitas, sendo 8,1 milhões por tabagismo e 350 mil diretamente por overdoses de outras substâncias.[19] "Além de pesquisador, minha alma principal é de clínico, eu quero lidar melhor com a situação no ambulatório", afirma André. "Será que a ibogaína é mesmo tudo isso? Vale quanto pesa? Se é tão boa, por que não se expande isso para a saúde pública?"

Hay espíritu

Roger Gordon Wasson pertence à classe dos personagens históricos que, se não tivessem existido, precisariam ser inventados pela imaginação de um ficcionista. Formado na London School of Economics e tendo estudado jornalismo na Universidade Columbia, nos Estados Unidos, fez carreira no banco J.P. Morgan, onde chegou a ser vice-presidente de relações públicas. Mas não foi a condição de banqueiro que lhe trouxe fama psicodélica, e sim a de micologista (estudioso de fungos) amador. Em 1957, a revista *Life* publicou uma reportagem de título "Em busca dos cogumelos mágicos",[1] na qual Wasson narrava sua viagem dois anos antes a Oaxaca, no México, na companhia da mulher, a pediatra russa Valentina Pavlovna, e do fotógrafo nova-iorquino Allan Richardson (anos depois viria a público a informação de que a viagem fora feita com fundos da CIA,[2] oriundos do projeto MKUltra). Era sua terceira incursão no país vizinho, e finalmente encontrara quem lhe apresentasse o *teonanacatl* ("fruto" ou "carne dos deuses", em língua náuatle), cogumelos do gênero *Psilocybe* descrito pioneiramente pelo botânico Richard Evans Schultes.

Na noite de 29 para 30 de junho de 1955, narra Wasson na *Life*, ele e Richardson participaram de um ritual conduzido por duas *curanderas*, mãe e filha, numa cabana de adobe e teto de palha, em que mascaram os fungos cultuados por elas e embarcaram numa experiência psicodélica com muitas visões de formas geométricas coloridas que logo escalariam para imagens de colunatas e palácios magníficos. "Tínhamos vindo de longe para assistir a um rito de cogumelos, mas não esperávamos nada tão impressionante quanto a virtuosidade das *curanderas* em ação e os efeitos espantosos dos cogumelos", conta. "Richardson e eu fomos os primeiros homens brancos na história registrada a comer os cogumelos divinos, que por séculos haviam sido um segredo de certos povos indígenas que vivem longe do grande mundo no sul do México", escreveu o banqueiro jornalista.

A *curandera* que se tornaria tão ou mais famosa que Wasson, chamada por ele na reportagem de Eva Mendez, era Maria Sabina, cuja casa se revelaria foco de uma torrente de pioneiros psiconautas em peregrinação à fonte mítica do movimento conhecido como contracultura. Em sua aldeia estiveram, entre outras celebridades, Bob Dylan e Mick Jagger.[3] O elo mais importante para a ciência, entretanto, surgiu do contato estabelecido por Wasson com Roger Heim, micologista de Paris, que estudou e cultivou alguns desses cogumelos depois de viajar ao México com o jornalista, em particular a espécie *Psilocybe mexicana*. Laboratórios americanos haviam fracassado nas tentativas de isolar os compostos psicodélicos desses fungos, e Heim procurou a empresa Sandoz por causa de sua experiência com o LSD, que causava efeitos semelhantes aos dos cogumelos mágicos. Uma remessa de cem gramas de *P. mexicana* cultivados por Heim chegou às mãos de Albert Hofmann, o descobridor do ácido lisérgico. Como parte de sua investigação, o químico suíço ingeriu 32 unidades do cogumelo (2,4 gramas) e, trinta minutos depois, começou a ter visões povoadas por motivos mexicanos coloridos, assim reeditando a autoexperimentação que o pôs na pista do efeito psicodélico do ácido lisérgico, como narra em seu livro *LSD: My Problem Child*. Em março de 1958, Hofmann publicaria na revista científica *Experientia* as estruturas químicas de duas substâncias ativas, psilocibina e psilocina, notavelmente relacionadas com a do LSD, desfazendo o mistério que cultos sincréticos de *curanderos* mexicanos atribuíam a cogumelos brotados do chão nos locais em que o sangue ou lágrimas de Cristo haviam caído:

> Assim, com o isolamento e a síntese dos princípios ativos, realizou-se a desmistificação dos cogumelos mágicos. Os compostos cujos efeitos maravilhosos levaram os índios a acreditar por milênios que um deus residia nos cogumelos tiveram suas estruturas químicas elucidadas e podiam ser produzidos sinteticamente em frascos.[4]

Com efeito, no final dos anos 1950 os laboratórios viriam a produzir e vender psilocibina sob o nome comercial Indocybin.

Esses estudos aproximaram Hofmann de Wasson, que em 1962 o convidou para nova expedição à Sierra Mazateca, no México, desta vez para identificar outro organismo a que se atribuíam poderes mágicos: as folhas de *Salvia divinorum*, planta que os indígenas chamavam de "ska Maria Pastora".[5] Nessa viagem, Hofmann passou por Huautla, a aldeia de Maria Sabina, com quem o suíço participou de uma cerimônia em que apresentou a ela pílulas com psilocibina sintética, que ela tomou e depois confirmaria ter o mesmo efeito dos cogumelos:[6] "*Hay espíritu*", teria dito. O próprio cientista bebeu suco da Pastora, mas não experimentou as alucinações cheias de cores relatadas por outros participantes.

A reportagem de Wasson na revista *Life* semeou também outra classe de frutos, de partida científicos, que acabariam por ter reflexos ainda mais profundos na cultura. Um de seus leitores foi Timothy Leary, guru do LSD que teve seu interesse por psicodélicos despertado antes pela psilocibina. De férias no México em 1960, Leary comeu os cogumelos e teve a "mais profunda experiência religiosa da vida". De volta aos Estados Unidos, iniciou sessões experimentais em casa, com a versão sintética da psilocibina sintetizada pela Sandoz, das quais participavam, entre outros, Allen Ginsberg, veterano das pesquisas da CIA com LSD, e William Burroughs, outro escritor da geração beatnik. Suas investigações sobre os efeitos místicos do composto evoluiriam para o famoso Experimento da Sexta-Feira Santa (*Good Friday Experiment*), concebido por Leary e Walter Pahnke, médico e pastor protestante, seu orientando de doutorado na Universidade Harvard, em Cambridge, Massachusetts.

Vinte estudantes do seminário teológico Andover, na cidade vizinha de Newton, foram convidados a participar de um teste duplo-cego em que metade receberia trinta miligramas de psilocibina e outra metade um placebo ativo, ácido nicotínico, que pode causar coceira e formigamento — a ideia era levar as pessoas do grupo de placebo a pensar que poderiam ter tomado psilocibina. O local escolhido foi uma capelinha no subsolo do templo Marsh Chapel, no campus da Universidade de Boston, defronte de Harvard, mas do outro lado do rio Charles. Recusando-se a experimentar nele mesmo os efeitos da psilocibina, como fizera Hofmann e lhe recomendara Leary, Pahnke queria testar nos estudantes se a substância do cogumelo de fato ocasionava uma autêntica vivência religiosa. Duas décadas depois, o orientador recordaria com ironia os esforços de seu estudante:

> Foi provavelmente a maior Sexta-Feira Santa em 2 mil anos — pelo menos para metade dos participantes. Aos integrantes do [grupo de] controle coube ficarem sentados e ler a Bíblia. Se aprendemos algo daquela experiência, foi quão tolo se mostrou

> usar um experimento duplo-cego com psicodélicos. Passados cinco minutos [após a substância fazer efeito], ninguém mais enganava ninguém. Também aprendemos que todos temos de realizar o trabalho juntos, sem um investigador principal, porque assim que você põe aquela pílula na boca você se torna o investigador principal — goste ou não.[7]

A única luz natural a penetrar na capelinha, descreve Don Lattin no livro *The Harvard Psychedelic Club*,[8] entra por vitrais em que aparece a figura de Jesus com uma Bíblia aberta nos versículos em João 8,32 (aquele que Jair Bolsonaro depreciou de tanto citar em seu malfadado período como presidente do Brasil): "E conhecereis a verdade/ E a verdade vos libertará". Enquanto dez seminaristas liam recatadamente a Bíblia, os outros dez se contorciam pelos bancos e até pelo chão, em pleno êxtase. Entre os que receberam psilocibina estava Huston Smith, um acadêmico que havia publicado um tratado sobre as grandes religiões do mundo, mas jamais passara por uma experiência mística antes daquela Sexta-Feira Santa de 1962. Até então, ele só havia *acreditado* no Deus cristão, e ali entrou em contato direto com Ele, reconciliando-se com a própria religiosidade. Bem diverso se mostraria o balanço extraído por Leary de suas vivências místicas:

> Lembramos da observação de [Aldous] Huxley de que o pecado original foi ingerir uma fruta modificadora do cérebro no Éden. Não havia muita chance de que os burocratas da América cristã fossem aceitar nossos resultados de pesquisa, não importa quão objetivos. Nós nos insurgimos contra o compromisso judaico-cristão com um Deus único, uma só religião, uma realidade que amaldiçoou a Europa por séculos e a América desde os dias de fundação [dos Estados Unidos]. Drogas que abrem a mente para realidades múltiplas conduzem inevitavelmente a uma visão

politeísta do universo. Pressentimos que chegara o tempo de uma nova religião humanista baseada em pluralismo inteligente de boa vontade e em paganismo científico.[9]

O estudo seminal de Pahnke deu origem a uma longa tradição de pesquisas com psicodélicos, espiritualidade e misticismo. Elas seriam dificultadas nos anos 1970 com o vagalhão reacionário que levou à proibição desses compostos, mas não extinguiu a chama que ardia em filhos da contracultura como Rick Doblin, outra figura-chave deste livro (apresentado no capítulo sobre o MDMA, psicodélico mais próximo de se tornar medicamento aprovado para tratar estresse pós-traumático). Entre 1986 e 1989, ele se dedicou a identificar os vinte participantes originais do Experimento da Sexta-Feira Santa de 1962. Acabou entrevistando dezesseis deles e também sete de dez colaboradores de Pahnke que localizou. Com sua ajuda, Rick reconstruiu o que teria sido o objetivo principal do médico e pastor, como escreveu num artigo de 1991: mostrar que a psilocibina favoreceria uma experiência mística em voluntários religiosos num ambiente de culto, e que essa experiência resultaria em mudanças positivas persistentes de atitude e comportamento.[10]

Para avaliar os resultados, Pahnke recolheu textos dos participantes descrevendo sua vivência na capela sob efeito da droga ou do placebo — respostas a questionários de 147 perguntas, aplicados um ou dois dias depois, e a outros de cem, após seis meses; entrevistas gravadas de imediato, alguns dias depois e também meses depois. Avaliadores independentes que não sabiam quem tinha tomado o quê atribuíram escores às manifestações dos voluntários. Pahnke fixou o limiar de uma experiência mística plena em 60% a 70% da soma total de escores, e anunciou que oito dos dez agraciados com psilocibina chegaram lá, mas nenhum indivíduo do grupo de controle. Um quarto de século depois, Rick aplicou-lhes o mesmo questionário de cem perguntas e obteve resultado curioso: um aumento da avaliação da intensidade mística. Em 1962, a média de todas as categorias e participantes do grupo experimental tinha ficado em 61% e, na repetição entre 1986 e 1989, subiu para 67% (já no grupo placebo permaneceu em 12%). A persistência de mudanças positivas de atitude e comportamento foi de 48% a 50% entre os que tomaram psilocibina, e estacionou em 15% no outro grupo.

Rick relata que, na parte de respostas abertas do questionário, os voluntários relacionaram entre as alterações comportamentais favoráveis coisas como facilidade para tomar decisões de carreira, reconhecimento da arbitrariedade das fronteiras do ego, aumento da profundidade da fé e da apreciação da vida eterna, sentido aprofundado do significado de Cristo e elevação do senso de júbilo e beleza. Um dos participantes relatou assim sua experiência naquela Sexta-Feira da Paixão:

> Ela me deixou com uma certeza completamente inquestionável de que há um ambiente maior que aquele do qual estou consciente. Tenho a minha própria interpretação do que isso seja, mas fui de uma proposição teórica para uma experiencial. Em certo sentido ela não mudou nada. Não descobri algo com que já não tivesse sonhado, mas o que eu pensava com base em leituras e ensino estava lá. Eu sabia. De alguma maneira ficou muito mais real para mim... Espero coisas de meditação, preces e assim por diante, quanto às quais eu talvez fosse um pouco mais cético antes... Eu obtive ajuda com problemas e, às vezes, direção e orientação na solução de problemas. De alguma maneira minha vida tem sido diferente sabendo que há algo lá fora. O que eu vi não foi nada de inteiramente surpreendente e, no entanto, houve um impacto poderoso por ter visto.[11]

Efeitos positivos da psilocibina, paradoxalmente, podem acontecer até quando ela induz uma vivência de dissolução, como narrou outro voluntário:

> Quando você obtém uma visão clara do que é a morte, meio que esteve lá e saiu do self, deixou o corpo, sabe, o self deixando o corpo, ou a alma deixando o corpo, como quer que chame, você também vai saber que marchar com o Movimento dos Direitos Civis ou contra a Guerra do Vietnã em Washington é menos apavorante... Em certo sentido, tira o medo de morrer... porque você já esteve lá. Você sabe do que se trata. Quando as pessoas que se aproximam da morte têm uma experiência fora do corpo, você diz: "Eu sei do que você está falando. Estive lá. Fui e voltei. E não é aterrorizante, não dói...".[12]

O forte elo entre psilocibina e misticismo ficou mais restrito à cena alternativa da contracultura e seus herdeiros nas duas décadas seguintes, nas quais pessoas em busca de autoconhecimento e experiências profundas não pararam de coletar cogumelos do gênero *Psilocybe*, facilmente encontráveis, por exemplo, em pastagens para bovinos. Havia muitos, também, que só queriam curtir um barato, como se dizia no Brasil e ficou registrado na letra da canção "Ando jururu", de Rita Lee: "Ando jururu/ *I don't know what to do*/ Quero encontrar pelo caminho/ Um cogumelo zebu/ E descansar os meus olhos no pasto/ Descarregar esse mundo das costas/ Eu só quero fazer parte do *backing vocals*/ E cantar o tempo todo *shoobedoodaudau*".

No campo da ciência, os estudos sobre cogumelos mágicos e êxtase espiritual escassearam nesse período, mas voltaram à tona na virada do século com os célebres estudos do grupo de Roland Griffiths na Universidade Johns Hopkins. A partir de 1999, conforme relatou na convenção Psychedelic Science 2017, em Oakland,[13] Griffiths recolheu depoimentos e questionários padronizados preenchidos por três centenas de pessoas em várias categorias, de indivíduos saudáveis novatos ou experientes na ingestão de psicodélicos e na prática de meditação até integrantes do clero, pacientes de câncer e tabagistas.

Em 2006, foi publicado um primeiro artigo no periódico científico *Psychopharmacology*,[14] com estudo duplo-cego e trinta participantes. Todos eram adultos que relatavam atividades religiosas ou espirituais regulares, sem experiência prévia com alucinógenos. Passaram por duas sessões, uma com psilocibina e outra com cloridrato de metilfenidato (medicamento para hiperatividade mais conhecido pelo nome comercial Ritalina), com dois meses de intervalo. Nem o indivíduo nem os experimentadores tinham conhecimento sobre qual droga foi dada em qual dia, se era substância-alvo ou placebo ativo, em doses de trinta miligramas. Investigações com desenho e resultados similares foram publicadas dois anos depois[15] e em 2011,[16] com dezoito participantes cada. Um mês depois, relatou Griffiths em sua conferência em Oakland, 83% avaliavam a experiência mística sob psilocibina como uma das cinco mais significativas em suas biografias e 94% reportavam bem-estar e satisfação com a vida, o que se mantinha entre 83% dos participantes catorze meses depois.

Uma enquete realizada sob sua supervisão por Theresa Carbonaro, com 1993 pessoas, mirou especificamente nas "viagens ruins", as *bad trips*, ocasionadas por cogumelos. A pesquisa constatou que, apesar de 39% as relatarem como uma das cinco experiências mais desafiadoras de suas vidas, 84% as endossavam como benéficas.

Na mesma conferência da Psychedelic Science 2017, Griffiths contou que 20% dos participantes de um dos estudos se declararam ateus no início e, depois da psilocibina, quase dois terços deles não se consideravam mais descrentes, arrancando risos da plateia.

A experiência mística ou espiritual mediada pela psilocibina, em geral na forma de sentimento concreto de fazer parte de uma realidade última ou totalidade maior que o indivíduo, deu a Griffiths e seu grupo a ideia de testá-la por meio de um estudo duplo-cego randomizado em pacientes terminais de câncer, como sugeriam estudos menos rigorosos dos anos 1960-70. Transtornos de humor como depressão e ansiedade chegam a afetar 40% dos pacientes que recebem um diagnóstico de tumor maligno, mais ainda quando vem acompanhado da informação de uma sobrevida limitada. Ocorrem significativas ideações suicidas. Ansiolíticos como benzodiazepinas e psicoterapia podem ajudar, mas com resultados pouco animadores.

Seguindo a pista aberta em 2010 por um estudo-piloto de Charles Grob, da Universidade da Califórnia em Los Angeles, feito com doze adultos com câncer em estágio avançado, o grupo da Johns Hopkins selecionou 51 pessoas na mesma condição e com diagnósticos de transtornos mentais. Todos tomaram psilocibina em duas sessões separadas por cinco semanas de intervalo, mas designados aleatoriamente a dois grupos: no primeiro, tomavam na sessão inicial uma dose baixa do composto (um a três miligramas por setenta quilos de peso) e na seguinte uma dose alta (22 a 30 miligramas por setenta quilos de peso). No segundo grupo, invertia-se o esquema — dose alta no começo, dose baixa na sessão subsequente. Ninguém sabia qual dose estava tomando, nem mesmo os experimentadores presentes. Como de hábito nesse tipo de investigação com psicodélicos, o recinto onde ocorriam as sessões se parecia mais com uma sala de estar de ex-hippies afluentes, e eram acompanhadas por dois terapeutas monitores com quem os voluntários tinham participado de encontros preparatórios. Os pacientes foram então acompanhados por nove meses e submetidos aos clássicos questionários para gradação do nível de depressão e ansiedade, entre outros.

O artigo resultante foi publicado em 2016 no *Journal of Psychopharmacology*.[17] Todos os participantes descreveram diferenças de intensidade entre as duas sessões, em várias escalas para medir as vivências alucinogênicas, espirituais e místicas. As respostas aos questionários sobre depressão revelaram que 78% experimentavam melhora seis meses depois, com 71% deles caindo na faixa de normalidade. O mesmo se verificou com as medidas de ansiedade: 83% de progresso, 63% de volta a um estado normal. Mais ainda, os pesquisadores encontraram uma associação entre a força da vivência mística durante a sessão e resultados terapêuticos duradouros: "Isso sugere que a experiência de tipo místico per se tem um papel importante, separado da intensidade geral do efeito da droga".

Coisa de cinema

O documentário *Magic Medicine* (remédio mágico, ou medicina mágica), de Monty Wates,[18] termina com uma cena quase banal, mas tocante para quem assistiu aos 79 minutos de altos e baixos em dois anos de três vidas dolorosas: uma porta fechada, a câmera focada na maçaneta imóvel. Segundos antes, o filme de 2019 mostrava imagens igualmente corriqueiras de um jantar em família, mãe e casal de adolescentes escoceses conversando sobre pequenas dificuldades e alegrias do cotidiano, ainda que estivesse entre eles uma cadeira vazia, o símbolo de oito anos de sofrimento enfrentados por John. Em outra cena, o pai ausente resumira a depressão que o atormentava dizendo: "Tudo que eu quero é um quarto sem ninguém do outro lado, e passar o resto da vida ali".

John Phillips tinha 45 anos quando o documentário foi lançado. Assim como Andy e Mark, dois outros casos graves de depressão apresentados no filme, e mais nove voluntários que sofriam de uma forma resistente desse transtorno mental, ele havia participado de um estudo pioneiro no Imperial College de Londres. Todos tomaram duas doses de psilocibina, e o filme mostra como os três saem sorridentes da sessão de seis horas sob efeito da segunda dose da substância, de 25 miligramas — a primeira, ministrada sete dias antes para testar eventuais reações adversas, era de dez miligramas.

"Tenho dois filhos. Estive presente em cada evento importante de suas vidas. Primeiro dia na escolinha, no ensino fundamental. Tentávamos fazer tudo em família", conta o escocês. "Lamentavelmente, tudo isso terminou cerca de oito anos atrás. Às vezes me sinto como se estivesse morto e fosse apenas o fantasma de mim mesmo — vendo a vida acontecer ao meu redor, mas nunca capaz de participar."[19] John havia tentado vários tipos de medicamentos antidepressivos antes do experimento e do filme, sem sucesso, recaindo na modalidade do transtorno mental que os psiquiatras classificam como resistente, ou seja, aquela em que não existe alternativa além de trocar medicação e eventualmente recorrer à eletroconvulsoterapia (ECT). Aceitou participar do estudo e do filme, cheio de ceticismo com a psilocibina, por acreditar que drogas são "coisa de otários", mas aponta um saldo positivo na experiência, ainda que não tenha sido "nenhum barril de risadas".

O documentário mostra cenas das sessões psicodélicas num quarto de hospital londrino adaptado, sob o lume de velas, tapeçarias cobrindo as superfícies brancas de metal e plástico, música suave com opção de fones de ouvido e máscara para cobrir os olhos. Andy parece ter enfrentado verdadeiro tormento ao reviver a tentativa de sufocamento que sofreu do pai, quando ainda bebê, chorando agoniado — depois, diz duvidar da realidade dessa memória. A situação de John revela pouco mais que uma agitação, ainda que ao final tivesse de ser despertado por um dos dois terapeutas que permanecem o tempo todo com o participante. Ele sai dizendo para a mulher que foi positivo e que consegue entender melhor qual é o problema, cujos detalhes me escaparam, dada a barreira íngreme do sotaque escocês.

A notável melhora da depressão fica visível em imagens gravadas quatro meses depois do experimento. John passeia com a mulher e os filhos numa colina encimada por um monumento em formato de obelisco. Os adolescentes correm pelo caminho, John sorri, e a mulher cai em prantos, escondendo o rosto da câmera para dizer como sente tudo muito estranho ao ver a alegria voltar: "Tanto tempo levando a vida sozinha...". Mais três meses e ela aparece de cara fechada, contando que o marido está de volta aos antidepressivos, que tudo se foi, nunca mais saíram para um passeio. Sem poder recorrer regularmente à psilocibina, que afinal permanece como droga proibida, John fecha a sequência falando do anseio por um quarto trancado. Dali em diante, sua vida foi ladeira abaixo, como descreve em comentários deixados na página que dá acesso ao filme:[20]

> Esse experimento devolveu minha vida por uns poucos meses. Aí, como neve que derrete, a vida que começara a usufruir se desfez até virar nada. Agora tomo ainda mais antidepressivos. Não consigo dormir à noite e fico andando pela casa. Nunca me arrisco a sair, além das visitas ao médico, e tenho de tomar diazepam antes de ir. Não tenho vida. Minha mulher e meus filhos receiam que eu faça algo muito estúpido. Que vida é essa para mim ou para meus filhos? Eu já fui um cientista, e bem recentemente me ofereceram uma oportunidade de voltar à pesquisa, mas não sou confiável. Porcaria de vida. Estou só esperando fecharem a conta.

Outro trecho:

> Os piores temores de minha família acabaram acontecendo. Na sexta-feira, 21 de fevereiro [de 2020], tentei cometer suicídio cortando minha própria garganta. Uma ambulância foi chamada, e chegou com a polícia. Enquanto um policial tentava impedir que eu me machucasse mais, joguei o conteúdo de uma xícara de chá frio nele e fui preso em seguida, acusado de atacar um agente de

polícia. Fui mantido na delegacia de sexta até segunda-feira para uma audiência judicial. De início me recusaram atendimento médico, o que só aconteceu dois turnos depois. Um agente de custódia veio verificar como eu estava e perguntou como me sentia. Eu tinha tomado uma overdose de meus antidepressivos, e nessa altura também estava evacuando sangue quando ia ao banheiro. O agente fechou a portinhola da porta da cela e foi embora. Vinte minutos depois dois policiais bondosos chegaram para me levar ao hospital. Tinha feito uma segunda tentativa de suicídio na cela tentando cortar com os dentes uma veia no pulso esquerdo, em algum momento da sexta-feira logo após minha prisão. Fui levado a um médico legista que perguntou quais medicamentos tomava e, depois de lhe dar a lista, ele se recusou a prescrever vários dos remédios. Sua explicação foi: "Você não terá aqui tudo que tem em casa". Disse a ele em três ocasiões que a ferida em meu pulso estava começando a cheirar mal, mas ele se recusou a examiná-la. Vertia líquido constantemente, o que fazia o curativo que puseram ficar soltando. Só quando fui levado ao hospital um médico a examinou, prescreveu antibióticos e tirou amostras de sangue que mostraram não haver infecção. Acredito sinceramente que, se não tivesse sido levado a um hospital, ninguém teria olhado isso. Não que eu merecesse tratamento algum. Afinal era tudo culpa minha, e eu me sentia muito culpado ao usar recursos valiosos por causa de um ato extremamente egoísta.

Todos os três protagonistas de *Magic Medicine*, em que pese o título do documentário, recaíram na depressão. Andy talvez tenha sido o que mais se beneficiou do estudo-piloto, porque a cena revivida de sufocamento trouxe à tona farto material para elaboração em psicoterapia. O alívio provisório oferecido a eles pelos poucos miligramas de psilocibina, porém, faz Robin Carhart-Harris avaliar o experimento como um sucesso, ainda que afastando a ideia de uma "cura mágica", pois se evidenciou que a substância psicodélica pode ter efeitos poderosos sobre pessoas incrivelmente vulneráveis. O jovem pesquisador chefe do Centro de Neuropsicofarmacologia da Faculdade de Medicina do Imperial College (transformado em 2019 no Centro para Pesquisa Psicodélica), primeiro autor do artigo de 2016 descrevendo a pesquisa no periódico médico *The Lancet Psychiatry*,[21] chama a atenção no filme para o fato de que cinco dos doze participantes no estudo ainda estavam em remissão e lamenta a frustração de não poder oferecer o tratamento para ajudar os cerca de 100 milhões de deprimidos no mundo que não melhoram com remédios convencionais.

O artigo, que em abril de 2020 contava mais de quatrocentas citações na literatura científica, destaca a própria condição de estudo aberto, destinado apenas a testar a exequibilidade do possível tratamento. Embora tenha sido realizado sem grupo de controle e com apenas doze pacientes, o trabalho ganhou destaque numa revista especializada de primeira linha, enquanto estudo semelhante do Instituto do Cérebro da UFRN sobre uso de psicodélico contra depressão — ayahuasca tratando com sucesso 29 participantes, incluindo controle por grupo de placebo, como narrado no primeiro capítulo — precisou peregrinar mais de um ano entre dezenas de revisores até ser aceito para publicação, em 2018, no periódico *Psychological Medicine*,[22] e colecionava 116 citações após dois anos. Diferenças à parte, a pesquisa do Imperial College também representa um marco na terapêutica psicodélica.

O artigo britânico descreve como os efeitos agudos da psilocibina sintética em cápsulas de procedência alemã puderam ser notados em trinta a sessenta minutos depois de ingeridas. O pico da experiência psicodélica se dá entre duas e três horas após a dosagem, que arrefece até se extinguir em cerca de seis horas. Os pacientes receberam apoio psicoterápico antes e depois das sessões de psilocibina e responderam questionários padronizados para aferir o grau de transtorno depressivo antes e depois do tratamento, por várias semanas, até completar três meses. Passada uma semana, nove pacientes (67%) estavam em remissão, ou seja, com escores abaixo do limiar fixado para o diagnóstico, benefício que se manteve para cinco deles (42%) ao final dos três meses. Como não houve registro de efeitos adversos significativos além de dores de cabeça e ansiedade no início da viagem psicodélica, os autores concluíram que é seguro administrar psilocibina para pacientes deprimidos, desde que passem por seleção rigorosa e tenham acompanhamento pleno num ambiente seguro como o do Imperial College.

Recuperações espontâneas são raras nesses casos de depressão resistente aos medicamentos convencionais, como inibidores seletivos de recaptação de serotonina (os ISRS), em especial para pacientes que sofriam com esse transtorno por dezoito anos, média do estudo — isto é, pela maior parte de sua vida adulta. Os antidepressivos da classe ISRS buscam aumentar o nível de serotonina no cérebro impedindo sua reabsorção, como se, para retomar a analogia da área de floresta tropical degradada por madeireiros que não consegue se regenerar, os poucos insetos, pássaros e morcegos remanescentes tivessem de fazer hora extra para garantir o grau de polinização e fertilização necessário para repor as árvores destruídas. Na depressão, assim como em outros transtornos psíquicos, a serotonina é um dos agentes a concorrer para a formação de sinapses, o fenômeno regenerativo conhecido como neuroplasticidade, que parece ser decisivo para o reprocessamento de traumas e memórias avassaladoras que fazem a vida psíquica do deprimido paralisar-se na tristeza.

Encorajada pelos resultados obtidos com o pequeno grupo, a equipe do Imperial College afirma no artigo que o passo lógico seguinte seria repetir o teste clínico com mais participantes, em sistema randomizado para compor um grupo de controle que lhes permitiria discernir quanto do benefício regenerador se deve à própria psilocibina e quanto dele decorreria do chamado efeito placebo, vale dizer, das expectativas, do bem-estar e da atenção desencadeados pelo experimento. "Este estudo fornece apoio preliminar para a segurança e a eficácia da psilocibina para depressão resistente a tratamento e motiva futuros testes clínicos, com desenhos mais rigorosos, para melhor investigar o potencial terapêutico desta abordagem", na interpretação do grupo.

O tom otimista de Robin e colegas como a psicóloga Rosalind Watts, no documentário e no artigo, teve como contrapeso a grande dificuldade para realizar o estudo. O financiamento recebido do Conselho de Pesquisa Médica do Reino Unido (MRC, na sigla em inglês) valia por três anos, mas dois anos e meio foram consumidos só em obter as licenças necessárias para trabalhar com a substância no espaço de poucos meses em 2015, nos quais se realizaram as doze sessões. Isso porque a psilocibina, assim como outros psicodélicos que agem sobre os receptores de serotonina no cérebro (DMT, MDMA e LSD, abordados anteriormente), é um composto proibido na maioria dos países, cuja manipulação requer controle rigoroso e autorizações especiais. Está listado no famigerado Schedule 1 da Convenção das Nações Unidas sobre Substâncias Psicotrópicas de 1971, lista de drogas que supostamente não têm aplicação medicinal e apresentam potencial para abuso, embora pesquisas como a do Imperial College indiquem que a primeira cláusula não se aplica à psilocibina nem se conheçam casos de dependência do alcaloide originado dos cogumelos *Psilocybe*.

A situação se parece com um beco sem saída, como mostra o filme de Monty Wates: para a psilocibina ser retirada do Schedule 1, seriam necessários testes clínicos com centenas de pessoas para comprovar eficácia terapêutica, mas, como o princípio ativo também se encontra na lista proibitória, é quase impossível realizar pesquisas com a substância. Além disso, cientistas dispostos a trabalhar com compostos psicodélicos enfrentam grandes riscos para reputações e carreiras, em face do preconceito ainda predominante na academia por força da má fama adquirida após o revertério da contracultura dos anos 1960-70 e a voga proibicionista desencadeada pela Guerra às Drogas de Richard Nixon. Como assinalou em entrevista de agosto de 2019 David Nutt, o mentor de Robin no Centro para Pesquisa Psicodélica e autor sênior do estudo sobre depressão custeado pelo MRC, seu pupilo nunca mais obteve financiamento de pesquisa de fonte oficial, e estudos subsequentes sobre o promissor fármaco dependem de recursos de instituições filantrópicas.

Corrida

O dia não tinha começado bem naquele 20 de agosto de 2019. Chegando pouco antes das dez da manhã para assistir à reunião da equipe de pesquisadores psicodélicos do Imperial College, convite feito por Robin na noite anterior em festa da conferência Breaking Convention, e entrevistá-lo em seguida, sou avisado na recepção do prédio de que o pesquisador estava doente e a reunião provavelmente havia sido cancelada. Verifico o e-mail para ver se alguma mensagem de alerta viera de Robin, e nada. Dois outros rapazes convidados para o mesmo encontro se mostram igualmente decepcionados, para não dizer contrariados. O recepcionista — brasileiro, simpático e solícito — indica para conversar conosco uma moça que vai chegando num vestido leve e florido. É Bruna Giribaldi Cunha, também brasileira e gentil, que nos convida para subir e verificar se de fato não haveria encontro algum, já que ela tampouco havia recebido aviso de cancelamento.

Na sala de reuniões, vão chegando outros cinco membros do grupo de Robin. Cada um se apresenta de modo breve, a pedido de Bruna, e discute-se informalmente que tipo de colaboração os dois rapazes, pesquisadores independentes, poderiam estabelecer com o centro do Imperial. A desenvoltura como anfitriã contrasta um pouco com o fato de a brasileira, então aos 24 anos, ser visivelmente a pessoa mais jovem na sala. Formada em farmacologia pelo University College de Londres, a moça, que numa rede social também se apresenta como trapezista amadora, chegou ao centro do Imperial em 2015, onde trabalhou como estagiária não remunerada por cerca de dois anos, ajudando Robin com a tabulação dos dados e questionários do primeiro estudo-piloto da equipe com psilocibina para depressão. Acabou contratada em março de 2017 para gerenciar o grande teste clínico randomizado e duplo-cego em que apostam agora Robin e David. O esperado é deslocar o composto psicodélico dos cogumelos mágicos dos anexos proibicionistas para a farmacopeia das drogas lícitas e aprovadas.

Não foi fácil obter todas as licenças e permissões para registrar o teste clínico, marcado para terminar em outubro de 2020. Bruna conta que passa dez horas por dia no Imperial cuidando da administração do estudo, lidando com auditores, comitês de ética, contratos, questionários. Diz que está exatamente onde planejou trabalhar, ainda aos catorze anos, ao ouvir falar de drogas psicodélicas, sobre as quais passou a ler avidamente — recusa-se, porém, a dizer se as usa ou usou. Queria estudar dependência química, não depressão, mas se diz satisfeita com a correção de rumo. A melhor parte do trabalho, diz, é conhecer os pacientes, passar muitas horas com eles, fazendo testes, ressonância magnética, conversando e ouvindo relatos de intenso sofrimento (um testemunho que me lembrou muito o da engenheira Fernanda Palhano, no início do livro, ao falar do contato estreito com os pacientes tratados com ayahuasca). "Quando os vejo seis semanas depois, é a coisa mais incrível do mundo, eles sorriem de um jeito diferente. Parece que voltam à vida", conta a jovem brasileira em Londres. "É um privilégio estar fazendo diferença no mundo. São substâncias que estão proibidas há tantas décadas e que têm um potencial enorme."

O teste clínico[23] tem prevista a participação de cinquenta pessoas com depressão grave, e a expectativa no Imperial College era publicar os resultados até o final de 2020, mas isso não tinha acontecido até março de 2021.[24] O financiamento vem de uma entidade particular, o Alexander Mosely Charitable Trust, fundo estabelecido em memória do matemático e criador de softwares morto em 2009 após overdose de heroína. Os pacientes precisam ficar semanas sem os antidepressivos que tomam habitualmente, e todos recebem duas doses de psilocibina separadas por três semanas, mas metade do grupo, escolhida aleatoriamente, ingere também escitalopram (comercialmente chamado de Lexapro, um dos mais recentes na classe dos ISRS, inibidores seletivos de recaptação de serotonina), ficando a outra metade designada para receber pílulas inócuas (placebo) em lugar do antidepressivo. A lógica da investigação está em comparar o efeito terapêutico da psilocibina com o obtido nas duas situações, com e sem um remédio de última geração. Pergunto a Bruna por que não fazer só uma comparação direta da psilocibina com placebo, e ela responde: "Porque a Compass já está fazendo".

A Compass Pathways nasceu não como empresa, mas uma espécie de ONG. Por trás do que hoje é uma firma controversa no meio de psiconautas está o casal Ekaterina Malievskaia, médica, e George Goldsmith, empresário. Eles têm um filho que passou por grave depressão refratária a tratamento, o que os levou a criar, em 2015, uma organização para impulsionar alternativas psicodélicas. Planejavam um projeto de pesquisa com psilocibina em clínica na ilha de Man, no Reino Unido, e pediram a colaboração de vários pesquisadores da área. Em lugar disso, acabaram transformando a ONG numa empresa com fins lucrativos, partiram para patentear processos de síntese química aperfeiçoada do composto originalmente obtido de fungos e submeteram à agência americana FDA uma proposta de teste clínico com psilocibina para depressão.[25]

Alguns dos cientistas que lhes deram consultoria quando ainda eram uma ONG se sentiram usados. Outros, muitos pioneiros dos tempos da contracultura que resistiram ao período de hegemonia proibicionista, assinaram um manifesto em defesa da livre circulação de dados na renascida ciência psicodélica. Para eles, a propriedade intelectual da empresa londrina poderia tornar futuros tratamentos menos acessíveis e mais caros. O manifesto deflagrado pela patente de processo foi organizado por Bob Jesse, figura lendária no meio, sob o título "Declaração sobre ciência e práxis abertas com psilocibina, MDMA e substâncias similares".[26] Assinam dezenas de pesquisadores e terapeutas, a nata da tribo psicodélica, incluindo vários mencionados neste livro, como Roland Griffiths, Robin Carhart-Harris, Ben Sessa, Amanda Feilding, Dráulio de Araújo, Sidarta Ribeiro, Luís Fernando Tófoli, Bia Labate, Rick Doblin, Charles Grob e outros.

Munida do pedido de proteção patentária (que seria concedida nos EUA em janeiro de 2020)[27] e de recursos privados no montante de 80 milhões de dólares, a Compass entrou para ganhar, custe o que custar, na corrida pelos direitos de comercialização de uma futura terapia usando psilocibina contra depressão. Enquanto o Imperial College planeja cinquenta participantes, no início de 2018 a Compass fixara em quatrocentos o total de participantes buscados entre os que sofrem de depressão resistente aos tratamentos, sendo recrutados aqueles que já tentaram pelo menos dois antidepressivos sem bons resultados. Estabeleceu uma colaboração com a empresa global de testes clínicos Worldwide, baseada no estado americano da Carolina do Norte, para terceirizar a realização do estudo clínico propriamente dito em oito países: Alemanha, Espanha, Finlândia, Holanda, Noruega, Portugal, Reino Unido e República Tcheca.

Em dezembro daquele ano, recebeu um presente da FDA, que lhe abriu a via rápida das *breakthrough therapies* (terapias revolucionárias) para chegar ao licenciamento, o mesmo status conferido pela agência à associação MAPS em seu amplo teste clínico com MDMA (para tratar transtorno de estresse pós-traumático). Entre outras vantagens, essa via rápida permite que realizadores do teste clínico façam contatos frequentes com a FDA durante o estudo, e não só para apresentação de resultados após seu término. Estima-se que o tempo médio para aprovar um medicamento, nessas condições, se reduza de doze para seis anos.

Em menos de um ano, o mesmo privilégio terminou concedido pela FDA para o Usona, instituto sem fins lucrativos de Wisconsin, que organiza em parceria com a Universidade de Nova York um teste clínico com oitenta participantes portadores de depressão grave, em sete localidades americanas. Trata-se da mesma organização fundada por Bill Linton, da empresa Promega, que recrutou o neurocientista brasileiro Stevens Rehen para um sabático nos EUA. O instituto pode precisar de um acordo de licenciamento com a Compass para ter acesso à formulação do cristal aperfeiçoada pela empresa em associação com um fornecedor com o qual tem contrato exclusivo, mas isso implicaria partilhar dados com o concorrente e pagar-lhe royalties caso algum produto resulte do teste clínico, o que se choca com o manifesto mencionado antes.

Alguns relatos no campo psicodélico de fato se excederam acusando a Compass de visar ao monopólio dos cogumelos mágicos, o que está longe de ser o caso — sua patente cobre apenas determinado processo otimizado para obter uma forma cristalizada sintética de psilocibina, não o organismo em si. Ekaterina Malievskaia defendeu num artigo[28] a estratégia de sua empresa com os argumentos convencionais: o desenvolvimento de um produto médico sob investigação (*investigational medical product*, IMP, o tipo de propriedade intelectual coberta por sua patente) custa muito caro e a proteção patentária serve para dar ao investidor uma chance de recuperar os recursos investidos, estimados por ela em 4 milhões de dólares. Seu argumento:

> No processo de síntese, formulação e criação de dados pré-clínicos, nós buscamos contato com pesquisadores do Heffter [conhecido instituto que apoia estudos psicodélicos] e do Usona com ofertas para compartilhar experiências e custos em elevação contínua, sendo que a última conversação se deu na PS2017 [Psychedelic Science 2017] em Oakland. Logo depois, as fases iniciais de síntese e formulação foram completadas, e a psilocibina se tornou um produto médico sob investigação [IMP]. Daquele ponto em diante, por razões de consistência de dados, não havia mecanismo regulatório aceitável para "compartilhamento", a não ser acordos padronizados de licença para o uso do IMP. É assim que funciona a regulação de pesquisas clínicas no mundo todo.

David Nutt, do Imperial College, integra o conselho consultivo da Compass, assim como seu pupilo Robin. Ao contrário deste, Nutt não assinou o manifesto pela ciência aberta. Em 2019, perguntei ao mentor sobre a patente da Compass. Ele não viu problemas: "Se for o necessário para criar medicamentos, tudo bem. Não vai impedir as pessoas de obter cogumelos recreativos, se quiserem", argumenta. "É o modo mais eficiente de chegar a produtos psicodélicos. Patentes são uma espécie de mal necessário no Ocidente, a única maneira de obter recursos para fazer o que precisamos fazer."

Nutt vê uma oportunidade aberta para pesquisadores e psiconautas brasileiros do grupo que estuda ayahuasca, que elogia por terem empreendido o primeiro teste clínico randomizado duplo-cego com grupo placebo envolvendo um psicodélico para tratar depressão. "Talvez o Brasil nem se preocupe com a psilocibina, eles têm a ayahuasca, presumivelmente impatenteável." Seu otimismo ia temperado, entretanto, pelos retrocessos políticos na Inglaterra, nos Estados Unidos e no Brasil, com Boris Johnson, Donald Trump e Jair Bolsonaro no poder: "É por isso que não estou tão esperançoso a respeito da revolução psicodélica".

Teonanacatl

No Brasil, a psilocibina continua proscrita, conforme resolução de 15 de abril de 2020 da Anvisa atualizando a versão brasileira do Schedule 1, lista de substâncias entorpecentes, psicotrópicas e outras sob controle especial,[29] embora a proibição não abranja os cogumelos propriamente ditos. Com uma simples busca na rede, contudo, é possível comprar cogumelos desidratados da espécie *Psilocybe cubensis* por pouco mais de uma centena de reais, que chegam por Sedex em saquinho plástico contendo seis envelopes de alumínio selados a vácuo, cada um deles com um grama de fungo dessecado. O rótulo esclarece, quase ironicamente, que se trata de amostra botânica para pesquisa, não destinada a consumo humano. Psiconautas mais empreendedores também encontrarão on-line fartas descrições morfológicas para identificar cogumelos mágicos, após um dia de chuva, em pastos frequentados por gado bovino.

Inseguro em relação à minha capacidade de encontrar o fungo certo nos morros vizinhos ao local em que me encontro de quarentena, em Santo Antônio do Pinhal (SP), optei pelo serviço de entrega. Às onze e meia de um dia frio, masquei o primeiro grama, surpreso ao não topar com o sabor desagradável descrito por vários autores (que devem ter ingerido o fungo fresco, in natura). Em cerca de trinta a quarenta minutos, comecei a sentir alterações sutis, sem nenhum efeito adverso, e mastiguei o segundo grama ao meio-dia e meia. Estimei, com enorme imprecisão, que a quantidade ingerida de psilocibina deve ter ficado entre dez e quinze miligramas, mais ou menos a metade da dose empregada no experimento-piloto do Imperial College retratado no documentário *Magic Medicine* — nos artigos científicos consultados, as dosagens mais altas foram de trinta miligramas por setenta quilos de peso, e como pesava quase noventa quilos na época, ingeri aproximadamente um terço disso.

Não surpreende, assim, a ausência de qualquer coisa próxima de uma experiência mística, menos ainda da tão falada dissolução do ego, ao longo de quatro horas de efeito mais intenso. De início foram sensações físicas muito semelhantes às desencadeadas por LSD e ayahuasca: tremor interno, mãos frias, bocejos e constante lacrimejar, alguma dificuldade visual para ler. A primeira hora foi também de bom humor, com alguma agitação, que aos poucos foi cedendo lugar a certa lassidão. Pelas portas de vidro enxergava a Pedra do Baú, na serra da Mantiqueira, encimada por muitas nuvens cinza com formatos e estratos que acreditava nunca ter visto antes. Havia a expectativa de sair pelo terreno e contemplar as árvores do bosque, mas toda a viagem acabou acontecendo entre as paredes de uma sala, a maior parte deitado num sofá, sob o aconchego do cobertor de lã.

Não houve alucinações. No entanto, as canções de Maria Bethânia tocadas no andar superior, a maioria velhas conhecidas, passaram a assumir características estranhas. Ouvia instrumentos de maneira destacada e um pouco distorcida, que deflagravam nos olhos fechados movimentos de padrões geométricos que associei com nervuras de asas de insetos. Eu estava sob os cuidados de Claudia, minha mulher, que seguia em seus afazeres em outro pavimento, e essa separação passou a ser acompanhada de algum pesar, mas também como um dado da vida, não como a beira de um precipício com que a solidão se parecia em outras épocas. Essa é uma das benesses dos psicodélicos, segundo minha experiência: aceitam-se como triviais, sem significado especial, situações, lembranças e sentimentos normalmente vividos como negativos ou até dolorosos. Estar só, neste momento presente, não impede de voltar a estar próximo, em breve, nem anula os muitos instantes de comunhão do passado, verdadeiras dádivas.

A mesma palavra, "dádiva", surgiu na minha mente para qualificar o acontecimento mágico da tarde. Numa paineira que já perdera as folhas naquele fim de maio, pousou um passarinho de azul intenso, um turquesa possivelmente turbinado pela psilocibina. "Tangará", pensei de imediato, atônito com a lembrança do nome de um passarinho que vi uma única vez antes (depois verificaria no guia de aves que era, em realidade, um saí-andorinha). Incrédulo diante da cor maravilhosa e da imobilidade do animal no galho seco, comecei a duvidar do que via. Peguei o binóculo, raciocinando que, se fosse uma alucinação, ela se dissiparia com a interposição de um artefato entre o objeto e a consciência alterada. Era mesmo um passarinho, não uma visão. Antes que voasse para longe, mais uma ave pousou na mesma árvore, desta vez uma saíra-amarela. Foram os dois únicos passarinhos coloridos avistados em quase dois meses de quarentena na mesma casa. Agradeci não sei a quê nem a quem por esse vislumbre de beleza pura que enfeitou o dia.

Mesmo sem sentir fome, almocei com enorme prazer. O paladar aguçado emprestava um gosto quase sensual aos tortellinis com recheio de alcachofra e ricota. Já estava de excelente humor novamente, depois de dar alguns pulos pela sala a pretexto de ativar a circulação. Olhando pela janela, tive a segunda distorção visual, neste caso mais divertida que inquietante: os troncos das árvores do bosque se moviam mais do que deveriam sob efeito do vento, como se estivessem mudando de plano uns em relação aos outros, uns se aproximando enquanto outros se afastavam — tudo muito sutil, curioso, como que numa ênfase imposta pela mente ao fato de estarem vivos. Após a refeição entrei em uma fase muito falante, e conversamos talvez por mais de uma hora sobre os efeitos da psilocibina e as percepções ocorridas antes, no conforto do sofá. As palavras vinham e saíam de maneira mais articulada e satisfatória do que sob o impacto de LSD, em que predomina o sentimento de inefabilidade fora do alcance do verbo.

Às quatro e meia, o pico estava ultrapassado e começava uma descendente suave, compatível com o retorno de necessidades banais, como consultar mensagens no celular. Fiz as últimas anotações na caderneta de jornalista. Tomei um banho muito quente, delicioso, e cedi ao impulso temerário de cortar pelos das sobrancelhas e cabelos que cresciam abaixo das hastes dos óculos, com resultado sofrível. Talvez o jantar saboreado de novo com muita atenção e certa voracidade tenha trazido lembranças de tendências compulsivas que a muito custo foram refreadas ao longo da vida. Assistimos ao filme argentino *Kamchatka* numa cópia ruim de streaming, com legendas automáticas alucinadas que em nada ajudaram a entender o espanhol difícil. Perdemos pelo menos 50% dos diálogos, mas sem nos importarmos com isso, uma raridade em meu caso. Dormi muito e bem, com sonhos que não consigo lembrar.

Alguns dias depois, houve uma segunda incursão no domínio dos cogumelos mágicos. Mesma dose, dois gramas de fungos secos, mas longamente mastigados todos de uma vez, abandonado o procedimento cauteloso de dividi-los em dois bocados separados por uma hora em que, na primeira vez, aguardei por eventuais efeitos adversos, afinal não realizados. Seja por força da ingestão da dosagem completa, seja porque era diverso o *set* — estado de espírito naquele dia e momento determinados —, a viagem foi muito diferente da inicial, embora realizada no mesmo *setting*, na companhia de Claudia, em nossa casa na serra da Mantiqueira.

Só em aparência transcorreu tudo da mesma maneira, pois mais uma vez a jornada se realizou no aconchego do sofá. De olhos fechados, os arabescos projetados na tela das pálpebras surgiram com algum colorido a mais, porém não foi essa a vivência definidora do profundo impacto da psilocibina nessa segunda expedição. No auge do efeito psicodélico, tive uma experiência radical de comunhão espiritual, não com a natureza, o divino ou a humanidade em geral, mas com duas pessoas concretas. Num caso, o amigo próximo que enfrenta há anos o desgosto de ver um filho dependente de crack, rapaz de idade próxima às de minhas filhas, muito querido, com quem convivo há vários anos. No outro, um jornalista da minha idade com quem trabalhei estreitamente por três décadas, mas observando uma distância respeitosa, pai de duas filhas como eu, morto pouco mais de um ano antes após doença devastadora. Uma pessoa não tem nada a ver com a outra, a não ser pela importância que têm e tiveram em minha vida, mas irromperam irmanadas naquele trecho da viagem por uma dor paternal profunda que imaginei sentir em minha própria carne mental — na verdade, mais que imaginar, comunguei dela com uma intensidade que me fez chorar, sem desespero nem angústia, identificação e proximidade puras. Nada de êxtase transcendental, zero de transporte para realidades superiores, nenhuma alucinação digna do nome — só um mergulho no poço sem fundo de ser pai.

Relutei em incluir neste capítulo os relatos dessas viagens pessoais com cogumelos, ao largo das altitudes místicas e visuais feéricos normalmente associados com a psilocibina. Surgiu mais uma vez a dúvida quanto à baixa intensidade psicodélica ser resultado das doses sempre cautelosas ou produto de alguma resistência mental ou fisiológica a ultrapassar a rebentação e se lançar no mar aberto pela dissolução do ego. Os raros lampejos de autoconhecimento e todo o prazer sentido, predominante no primeiro percurso narrado, conferiam à experiência uma qualidade recreativa que destoa da ênfase deste livro para as aplicações terapêuticas dos psicodélicos, ainda que um vislumbre desse potencial tenha surgido com a empatia manifestada na segunda experiência. Decidi-me a fazê-lo porque me convenço, a cada vivência com uma dessas substâncias, de que tal dicotomia entre recreação e terapia é artificial e moralista, ainda que necessária, talvez, para auxiliar na reabilitação dos psicodélicos entre os medicamentos respeitáveis, estudados de modo circunspecto por cientistas comportados, distantes da busca pessoal ou coletiva por alegria, autoconhecimento, altruísmo, coragem, sensualidade e bem-estar que marcaram a contracultura.

Basta conviver um pouco com esses pesquisadores e seus objetos de estudo para perceber que a separação é fictícia. Pacientes, psiquiatras, neurocientistas e sofredores em geral estão todos em busca das mesmas coisas: clareza, tranquilidade e prazer, se for preciso pôr um oceano de anseios em poucas palavras. De Albert Hofmann a Alexander "Sasha" Shulgin, de Timothy Leary a Rick Doblin e psiconautas brasileiros, a descoberta e a reinvenção do potencial terapêutico das substâncias psicodélicas seria dificultada sem a fenomenologia, vale dizer, sem experimentar no próprio cérebro — na mente concreta — os efeitos subjetivos desses compostos.

A conclusão lógica dessa reflexão é que todos deveriam ter

acesso a essas substâncias, e não só aquelas pessoas diagnosticadas com transtornos mentais, que um dia, oxalá, se tornarão legalmente elegíveis para tratamento em ambiente controlado. Também fica evidente que os mais doentes têm prioridade e que, por essa razão, faz sentido conseguir primeiro que os psicodélicos sejam retirados do Schedule 1, uma vez que não causam dependência, não são altamente tóxicos e têm, sim, aplicação medicinal, como a ciência vem demonstrando. A regulamentação para uso pessoal pode ficar para depois, mesmo porque a ilegalidade nunca foi impedimento para que milhões de pessoas se beneficiem com eles (e uns poucos enfrentem viagens difíceis por não planejar cuidadosamente com quem e onde embarcarão).

Magia e política

Não era preciso sair do hotel Marriott de Oakland, onde se realizava a conferência Psychedelic Science 2017, para presenciar de modo vívido a tensão que ainda persiste entre os usuários entusiastas de substâncias psicodélicas como alargadores da consciência e os pesquisadores que batalham para convertê-las em drogas psiquiátricas reconhecidas e regulamentadas. Entre uma apresentação e outra, aqui e ali se viam pelos corredores pessoas adultas envergando chapéus de duendes e tiaras de unicórnio.

A densidade dessa tribo, minoria entre os mais de 3 mil participantes do encontro, era visivelmente maior na palestra de Paul Stamets, "Cogumelos da psilocibina e micologia da consciência".[30] Longa echarpe azul pendendo do pescoço, chapeuzinho marrom, barba grisalha e óculos pequenos de aro de metal redondo compõem a figura do pesquisador alternativo que, apesar de escassas filiações acadêmicas, descobriu várias espécies de cogumelos do gênero *Psilocybe* e detém uma dezena de patentes envolvendo fungos e suas aplicações em controle biológico. No início da apresentação, Stamets pediu que levantassem as mãos aqueles da plateia de cerca de trezentas pessoas que nunca tivessem ingerido cogumelos alucinógenos, e só sete pessoas assim fizeram (incluindo este repórter, naquela época ainda um jejuno).

O micologista começa sua fala com uma imagem de alto-relevo do ano 450 a.C. em que Deméter, a deusa da colheita, oferece um cogumelo a sua filha com Zeus, Perséfone, que desce ao submundo raptada por Hades. Stamets embarca então numa viagem vertiginosa pela história humana e suas religiões, buscando demonstrar como fungos — mais exatamente, seus corpos reprodutores que reconhecemos como cogumelos — aparecem em várias culturas como objetos de reverência. Afirma que 23 espécies de primatas, aí incluído o *Homo sapiens*, se alimentam de cogumelos, o que implica distinguir os comestíveis dos venenosos. Isso, para ele, é sinal de longa coevolução que teria levado, nada mais, nada menos, ao desmembramento da espécie humana a partir dos outros ramos da árvore filogenética que compartilhamos com os símios. Homenageia como "certeiros" os irmãos Terence e Dennis McKenna e sua "hipótese do macaco chapado" (*Stoned Ape Theory*, em inglês), que tem a psilocibina como pedra angular.

Por essa narrativa, muito popular na confraria psicodélica, o crescimento vertiginoso do cérebro humano, em termos evolutivos, se deu sob influência do composto produzido pelos cogumelos mágicos, que, além da semelhança molecular com a serotonina, teria propriedades de estimular a neurogênese, ou seja, o surgimento de neurônios. Arte e cultura também teriam nascido aí, após a revelação micológica de um rico mundo interior para a mente humana explorar. Na hipótese dos McKenna, que o próprio Stamets considera impossível de provar, mas muito plausível, os primeiros humanos seguiam rebanhos de herbívoros disseminadores de estrume pela savana e, com ele, esporos de fungos *Psilocybe* que eclodiam à primeira chuva, fonte fortuita de alimento, de experiências espirituais intensas e de aumento na acuidade visual. Ainda de acordo com sua narrativa, os caçadores que comiam esses cogumelos se tornaram mais eficientes e ganharam, com isso, mais sucesso reprodutivo, o que teria levado à fixação na espécie humana do gosto por ingeri-los. Dessa espiral coevolucionista teriam surgido linguagem, espiritualidade, consciência, sociabilidade e capacidade cognitiva. Ou ainda, como prefere destacar Stamets, os atributos muito humanos, verdadeiras dádivas divinas, da coragem e da bondade:

> Esse é um fio de conhecimento muito delicado, que quase se quebrou várias vezes. O fato de estarmos aqui, hoje, [significa] que vamos nos tornando a enciclopédia de conhecimento que carrega isso adiante, para o futuro. É utilitariamente muito importante para a evolução e a sobrevivência da espécie humana.

Ben Sessa, em seu livro *The Psychedelic Renaissance*, afirma que, como neurocientista (e, caberia acrescentar, na condição do primeiro ser humano a receber uma injeção de psilocibina num experimento científico), está mais interessado no fato simples e bem estabelecido de que drogas psicodélicas fornecidas ao cérebro no mínimo produzem a *sensação* de haver algum deus por aí (ou dentro de nós). Até mesmo essa atitude sóbria do pesquisador, de se ater ao que pode ser constatado e medido, não escapa a algum messianismo psicodélico quando se trata do potencial terapêutico dessas drogas em escala social: "O modelo aparentemente instintivo da ganância desabrida simplesmente não funciona e vai nos matar, a não ser que experimentemos uma transcendência global de nosso nível presente de consciência — não necessariamente espiritual, mas certamente social e comportamental".[31] A verdade está lá fora — nos cogumelos.

David Nutt é conhecido no Reino Unido por sua luta de muitos anos em favor da reclassificação legal de drogas ilícitas, como maconha e ecstasy (MDMA). Em 2009, no governo do trabalhista Gordon Brown, foi forçado a se demitir da presidência do Conselho Consultivo sobre Abuso de Drogas depois de declarar que MDMA e LSD eram menos perigosos que o álcool.[32] Em agosto de 2019, ele me recebeu para uma entrevista no Imperial College esparramado sobre uma cadeira comum de escritório, como quem faz pouco caso dos esforços do design ergonômico. A figura bonachona aparece, sob muitos aspectos, como o exato oposto do empertigado discípulo Robin Carhart-Harris.

"Eu já dei mais tipos diferentes de drogas para o cérebro humano do que qualquer pessoa viva", orgulha-se David. Ele descreve o cérebro como uma máquina química, que é preciso perturbar para descobrir como funciona, e a melhor maneira de perturbar uma máquina química é empregar outros compostos químicos. A farmacologia, diz, é a mais poderosa ferramenta para entender funções cerebrais.

Com o plano de capturar imagens funcionais do cérebro sob efeito de psicodélicos, começando pela psilocibina, David e Robin usaram um aparelho de ressonância magnética falso, para verificar com nove voluntários (Ben Sessa era um deles) a segurança e a exequibilidade de tal experimento. Optaram por injetar 1,5 miligramas a 2 miligramas de psilocibina lentamente na veia dos participantes, segundo David uma maneira de reduzir doses e custos (por via oral seria preciso utilizar dez vezes mais). Todos tinham passado anteriormente por pelo menos uma viagem psicodélica sem efeitos adversos e precisariam ficar cerca de

25 minutos dentro da máquina cenográfica. Pelo relato dos voluntários, a experiência de fazer uma viagem psicodélica dentro de um aparelho de ressonância magnética se mostrou tolerável,[33] o que deu sinal verde dos comitês de ética para o grupo do Imperial seguir com os testes reais que lhe trariam fama e várias publicações em periódicos de primeira grandeza.

O mundo se abriu com os resultados notáveis das imagens captadas de um cérebro durante uma experiência psicodélica. Para Nutt, o achado principal foi constatar o relaxamento das redes neurais, notadamente da controladora rede de modo padrão (em inglês, *default mode network*, DMN), e a diminuição da atividade em áreas do córtex cingulado, muito implicadas na depressão, como a DMN. Como os trabalhos de Roland Griffiths na Universidade Johns Hopkins já indicavam melhora significativa de humor e bem-estar, o pessoal do Imperial partiu então para o estudo sobre psilocibina contra transtorno depressivo apresentado no documentário *Magic Medicine*.

David acumula quase duas décadas em pesquisa psicodélica, iniciada quando ainda estava na Universidade de Bristol, em colaboração com Amanda Feilding, da Fundação Beckley. Perguntei-lhe se não achara arriscado, na época, dedicar-se a um campo ainda hoje encarado em muitos lugares como um suicídio para a carreira. Sua resposta foi que já havia alcançado o ápice e não tinha mais nada a perder, podendo se dedicar ao assunto que lhe parecia mais relevante, diante da limitação das alternativas disponíveis para tratar transtornos mentais. O establishment científico, diz, não está ainda maduro para os psicodélicos. Se a psilocibina se tornar um medicamento, acredita, as pessoas se convencerão de que é justificável estudar esses mecanismos. Até lá, reinará o preconceito. "Eles ainda acham que se trata de uma gente maluca, de hippies com flores no cabelo. Hippies no armário", resume entre risadas. "Há um bom punhado de cientistas seniores que foram hippies, eu sou um deles." Pergunto se não está muito pessimista. David: "Bem, nós pensamos que o mundo ia mudar nos anos 1960, não foi? E mudou, mas para pior".

Sua tática é avançar de maneira paulatina. Orienta a equipe quanto à resiliência da maioria moral silenciosa, que pode estar quieta e sem desferir ataques neste início de renascença psicodélica, e alerta que isso não significa apoio. A grande diferença é que agora a ciência é bem mais sólida. "A gente nem sabia o que era um maldito receptor! Agora entendemos o que estamos fazendo, e isso torna tudo muito mais difícil de destruir", diz. "Quando governos mentem consistentemente por cinquenta anos, fica complicado para eles desfazer a mentira. A censura à ciência psicodélica é pior do que na época em que a Igreja católica baniu o telescópio e os escritos de Copérnico." O mais interessante dos psicodélicos, na sua visão, está no fato de produzirem efeitos tanto locais quanto sistêmicos no cérebro. Os efeitos em áreas específicas são críticos para o potencial terapêutico, mas os que afetam o cérebro como um todo também são, porque reorganizam o órgão inteiro, não só as sinapses, explica, referindo-se ao relaxamento de redes neurais. Lamenta só que haja tão pouca pesquisa básica sobre isso — poucos ex-hippies com as mãos na massa, por assim dizer.

David estava com 68 anos em agosto de 2019, quando o entrevistei. Disse que tinha dois objetivos na vida. O primeiro era viver o bastante para que o neto de um ano e meio viesse a se lembrar dele. O outro era ver psilocibina e MDMA se tornarem medicamentos aprovados para uso psiquiátrico. Sua esperança era que ambas as metas se cumprissem em não muito mais que cinco anos.

Terapias psicodélicas

Quem se debruçar sobre a literatura científica da psicodelia cedo ou tarde topará com uma divergência terminológica curiosa a separar os pesquisadores anglo-saxões dos dois lados do Atlântico. Norte-americanos tendem a designar certos aspectos do efeito psicodélico como experiências místicas, enquanto britânicos preferem falar em dissolução do ego. Há mais que preciosismo envolvido aí, entretanto. Não é só o fato de crenças e espiritualidade serem encaradas como naturais nos Estados Unidos, ou mesmo como atributos pessoais desejáveis, até mesmo na academia. Na Europa, e em particular no Reino Unido, o laicismo está enraizado na ciência e chega a assumir um zelo militante, como nos escritos de Richard Dawkins. No domínio psicodélico, destaca-se algo mais: o conceito de dissolução do ego reconecta a neurociência com Sigmund Freud e serve de pedra angular para uma teoria mecanicista da consciência e da mente, não imaterializada, como pretendia e não logrou o médico vienense no início do século 20 por falta de ferramental científico.

Na vanguarda desse esforço teórico está Robin Carhart-Harris, que liderou o estudo-piloto com psilocibina para depressão e as investigações com imagens do cérebro de pessoas sob efeito do composto no Imperial College. Robin, além de se dedicar ao campo psicodélico, que muitos veem como beco sem saída para carreiras científicas, não esconde ser um admirador da psicanálise de Freud e Jung. Ele está empenhado em convencer seus pares não só de que o ego freudiano existe (para evitar a associação com o médico vienense, muitos preferem chamá-lo de self), mas também de que ele pode ser localizado no cérebro em estruturas de alto nível como o córtex cingulado posterior e em redes de conexões neurais de que participa com uma função integradora, como a rede de modo padrão (a já citada DMN). Sem essas estruturas e redes, não haveria introspecção, reflexão, metacognição, capacidade de pensar sobre o que se está pensando, nem as "viagens no tempo" em que reavaliamos o passado e simulamos ações futuras — não haveria, enfim, o senso de unidade que chamamos no dia a dia de "eu".

Em uma palestra de 2013, durante a conferência Psychedelic Science[1] em Oakland, Robin chamou atenção para o fato de os receptores para serotonina 5-HT2A, com que os psicodélicos clássicos têm grande afinidade, se concentrarem em algumas das áreas cerebrais mencionadas no parágrafo anterior. Ele também fez várias comparações da DMN com um ponto nodal de trânsito — o aeroporto de Guarulhos na América Latina, ou Frankfurt, na Europa — em que controladores de tráfego organizam o fluxo caudaloso de percepções, representações e memórias no cérebro para dar coerência à cognição. Outra metáfora comum é a do maestro e sua partitura: sem um condutor para sincronizar o ritmo, o que se ouviria da orquestra seria apenas cacofonia, um emaranhado de ruídos produzidos independentemente pelos diversos instrumentistas. A função da DMN, conforme teorizou o pesquisador do Imperial num artigo de 2014, seria manter em níveis produtivos a entropia natural do funcionamento cerebral, sem o que seria impossível gerar conhecimento estável sobre as coisas do mundo.[2]

A entropia, segundo Robin e os coautores desse trabalho, predominaria no cérebro em desenvolvimento, durante a infância, e seu decréscimo corresponderia à maturação do ego em sentido freudiano. Ela também seria característica do sono REM (movimento rápido dos olhos, na sigla da expressão em inglês), quando ocorrem os sonhos que o vienense dizia darem acesso privilegiado ao inconsciente. Na vida adulta e desperta, entretanto, a ordenação egoica seria precondição para atuar em sociedade, não com base em instintos, como nas espécies sociais de insetos, mas em regras estabelecidas e conhecimento compartilhado que balizam, ou deveriam balizar, o comportamento individual em situações concretas. Alguma ordenação, já que o excesso dela resvala para a rigidez e as ideias fixas, segundo o modelo do cérebro entrópico: este seria o caso da ruminação típica da depressão, de transtornos obsessivo-compulsivos (TOC) ou da dependência química.

Psicodélicos como a psilocibina, por sua vez, atuam como um lubrificante, um relaxante dessas redes de comando e controle cerebral. O condutor da orquestra neuronal, em lugar de apenas marcar o ritmo de forma maníaca, passa a mexer o corpo numa dança que transmite sentimentos e emoções, mas sem perder de todo a cadência. Imagens de ressonância magnética funcional de pessoas sob efeito do princípio ativo dos cogumelos mágicos mostram a diminuição do fluxo sanguíneo em áreas de controle como o córtex cingulado posterior, que diminui sua comunicação incessante com o hipocampo, área da memória biográfica. Imagens de magnetoencefalografia de cérebros sob efeito da psilocibina realizadas no Imperial, por sua vez, revelaram uma desestruturação do padrão de oscilações, que fica mais solto, dessincronizado, em especial no córtex cingulado posterior. Outras áreas participam da conversa e a enriquecem, como os naipes da orquestra que entram na sinfonia com melodias díspares, num tipo de contraponto mental que caracteriza o estado psicodélico e que se convencionou chamar de dissolução do ego. Com o maestro relaxado, afloram para esse estado alterado de consciência conteúdos normalmente inacessíveis na vigília, o que leva Robin a resgatar Freud nos termos da neurociência contemporânea:

> Freud falou da descoberta da mente inconsciente e sua diferenciação do ego como um tipo de golpe narcísico, a percepção de que não somos realmente senhores de nossa própria casa, de que há forças inconscientes em nós que estão influenciando nosso comportamento e nosso pensamento. Para mim, também é um golpe narcísico que o nosso senso de self, de ser alguém, de que existimos absolutamente, seja realmente um tipo de ilusão, um produto da atividade cerebral. O que somos é produto da atividade cerebral.

Não é só o eventual excesso de rigidez que se dissolve com o ego, mas também as dualidades típicas com que opera, como as que separam sujeito de objeto, realidade de imaginação, eu do outro, passado de futuro. A dissolução do ego, disse Robin em sua palestra na Psychedelic Science 2013,[3] apresenta alta correlação com o pensamento mágico, sobrenatural, fantasioso. Daí surgem as alucinações e visões fantásticas que podem acompanhar a viagem psicodélica, mas o que nelas aflora não são conteúdos arbitrários, e sim aquilo que já se encontra na mente, ainda que inconsciente, recalcado ou reprimido.

O aspecto delirante que pode revestir o estado psicodélico levou os primeiros estudiosos a supor que a alteração produzida na consciência por essas drogas se equiparava à psicose, ou seja, a uma perda do sentido de realidade que permite distinguir o que existe no mundo exterior daquilo que só existe na mente. Aqui, no entanto, a fenomenologia psicodélica — a experiência subjetiva dos efeitos desses compostos químicos — revela o seu valor: o psiconauta quase nunca perde a noção de que aquilo que está vendo, por mais fantástico e perturbador que se apresente, não passa de visões. Além disso, com visões ou sem elas, as viagens costumam ser acompanhadas de sentimentos intensos de empatia e de comunhão com entidades maiores que o indivíduo (natureza, humanidade, divindades), resultado do afrouxamento das dicotomias e das fronteiras categoriais propiciado pela dissolução do ego, sentimentos que predispõem o viajante para reavaliar e se reconciliar com a própria biografia — numa palavra, para a cura. Ou, se preferirem, para iniciar uma caminhada em direção ao polo oposto da ruminação, da dependência, das manias e das ideias fixas.

Bad trips

Compreende-se, no entanto, que a expressão "dissolução do ego" soe preocupante, se não aterradora, para muita gente. Sim, a experiência pode ser profundamente perturbadora. Sim, as "viagens ruins", *bad trips*, acontecem, ainda que não com a frequência imaginada pelo senso comum. Como já se viu no capítulo sobre LSD, entre 62% e 74% dos usuários ouvidos numa pesquisa global sobre consumo de drogas declararam nunca ter passado por uma dessas experiências indesejáveis, como no meu caso. E surtos psicóticos podem sim ser desencadeados por substâncias psicodélicas, mas há consenso de que isso acontece com pessoas que têm histórico ou propensão para tanto, razão pela qual são unânimes as recomendações de quem esteja nessa condição não consumi-las e os critérios de exclusão que afastam dos testes clínicos qualquer pessoa que relate episódios psicóticos, ou mesmo casos de psicose na família imediata.

O que não falta são manuais para se realizar uma viagem segura sob efeito de psicodélicos. James Fadiman, por exemplo, publicou o livro *The Psychedelic Explorer's Guide: Safe, Therapeutic, and Sacred*

Journeys[4] (em tradução livre, "O guia do explorador psicodélico: Jornadas seguras, terapêuticas e sagradas"), que inclui até uma lista de verificação, ponto por ponto, para o viajante e seu guia — não usar psicodélicos sozinho é uma recomendação recorrente entre psiconautas traquejados, mais ainda numa primeira viagem. Sempre é prudente ter alguém sóbrio por perto, de preferência uma pessoa com experiência no ramo ou mesmo um psicoterapeuta, caso os efeitos sempre imprevisíveis dessas substâncias conduzam a uma experiência difícil, física ou mentalmente.

Também há farto material na página do projeto Zendo,[5] que monta estandes de serviço de redução de danos em grandes eventos, como no festival Burning Man realizado anualmente no deserto Black Rock de Nevada, nos Estados Unidos, em que oferece desde testes para avaliar qualidade e pureza de drogas antes do consumo até atendimento de emergência para quem passar mal ou precisar de apoio durante uma viagem ruim. "O modo mais eficaz de minimizar o risco de uma *bad trip* ocorrer é se preparar bem", aconselha o projeto, com uma boa discussão prévia com o guia ou terapeuta sobre vivências de maior impacto que podem ser desencadeadas por psicodélicos, como a sensação de abandonar o corpo, a evocação de lembranças poderosas, o sentimento de unidade com o universo e as distorções na percepção de tempo e espaço, entre as mais comuns. Sabendo o que se pode esperar, o risco de entrar em pânico é bem menor.

A página da Global Drug Survey (GDS) tem um conjunto de guias específicos para vários tipos de drogas, do psicodélico clássico LSD aos ubíquos álcool, cannabis e ecstasy. São chamados de "high-way codes",[6] um trocadilho que poderia ser traduzido tanto como "código do caminho do barato" quanto como "código de trânsito", e oferecem gráficos com legendas em cores e escores para sumarizar a experiência de usuários quanto à importância de confiar no fornecedor, evitar uso quando deprimido ou ansioso, não usar antes de dirigir, estabelecer dose máxima e assim por diante. A GDS tem até aplicativos de controle pessoal de consumo para uso em telefones celulares, um para drogas (*Drugs Meter*) e outro para álcool (*Drinks Meter*).[7]

Set *e* setting

Em termos muito gerais, as recomendações tendem a girar em torno de cuidados com os dois componentes básicos da viagem psicodélica, o *set* e o *setting*, termos consagrados para designar respectivamente a condição mental do psiconauta e o ambiente em que ela ou ele empreenderá sua jornada. São conceitos oriundos de décadas de práticas terapêuticas com apoio de psicodélicos que antecederam a reação proibicionista dos anos 1970-80. No primeiro caso, *set*, se encaixam desde critérios de exclusão, como tendências psicóticas, até conselhos práticos como não consumir as substâncias em tempos de muita ansiedade, em tratamento com medicamentos psiquiátricos ou sem clareza quanto ao objetivo da viagem. No segundo, *setting*, se incluem a importância de viajar num ambiente tranquilo e seguro, de preferência junto à natureza, na companhia de pessoas de confiança que possam dar assistência ao viajante desorientado ou angustiado, e assim por diante.

Essas diretrizes gerais se concretizam, no caso dos experimentos descritos neste livro, em condições quase sempre observadas pelos pesquisadores, com maior ou menor grau de detalhe ao protocolo: a pessoa em tratamento passa por sessões prévias de orientação e preparo psicoterapêutico sobre o que poderá enfrentar sob efeito da droga; o recinto da sessão de dosagem em geral é dotado de móveis confortáveis, decoração amena, luz atenuada, música ambiente ou em fones de ouvido, com opção de venda para os olhos; uma dupla de terapeutas treinados, preferencialmente de dois gêneros, permanece o tempo todo com o paciente, e o silêncio é rompido apenas se o psiconauta precisar de apoio para atravessar um trecho difícil; realizam-se sessões psicoterapêuticas posteriores, para integração do conteúdo vivenciado.

Se tiverem sucesso os testes clínicos com psicodélicos ora em andamento para tratar transtornos e condições como depressão, estresse pós-traumático e dependência química, e se esses compostos voltarem a ser aceitos no rol dos medicamentos autorizados, é provável que o atendimento terapêutico com tais adjuvantes seja retomado nesse estilo cuidadoso forjado nas décadas de 1950 e 1960. Em lugar de tomar comprimidos todos os dias, como ocorre com os antidepressivos hoje disponíveis, a pessoa irá ingerir psicodélicos em intervalos mais espaçados, entre os quais seguirá com sessões usuais de psicoterapia (mesmo porque, no caso do LSD, o uso continuado desencadeia rapidamente a tolerância do organismo, quando a droga deixa de fazer efeito). Por outro lado, esse tipo de tratamento com apoio psicoterápico em várias sessões tende a ser mais caro do que os baseados exclusivamente em fármacos.

Microdose

Nos últimos anos, tornou-se popular, em particular entre os jovens prodígios da tecnologia da informação e do mercado financeiro, um uso alternativo de psicodélicos que foge de seus efeitos agudos — vale dizer, da senda que pode levar à dissolução do ego, ou a ultrapassar a rebentação — para tentar reter sem solavancos as benesses físicas e psicológicas dessas drogas, simplesmente recorrendo à moderação. A prática ficou conhecida como *microdosing*, que de fato recorre a quantidades mínimas, subperceptíveis, de LSD ou psilocibina. No primeiro caso, são quantidades da ordem de seis a doze microgramas de ácido (a dose recreativa usual é de mais de cem microgramas). No segundo, de um décimo a meia grama de cogumelos secos (algo entre a vigésima parte e um quarto do combustível psicoativo das duas viagens descritas no quinto capítulo). O regime mais comum praticado envolve tomar o psicodélico a cada três dias, com dois de intervalo entre uma microdose e outra.

Não está claro como a moda no Vale do Silício e em Wall Street começou. São poucos os estudos científicos sobre a estratégia comedida de uso, mais raros ainda aqueles que seguem a metodologia completa (experimentos randomizados comparativos no esquema duplo-cego). Um artigo publicado em 2019 por Vince Polito e Richard Stevenson,[8] da Universidade Macquarie, na Austrália, aponta que o próprio descobridor do LSD, Albert Hofmann, mencionou de passagem, numa entrevista de 1976,[9] a possibilidade de uso medicinal de doses de 25 microgramas (ou um décimo do que ele mesmo ingeriu em 1943, na primeira viagem lisérgica da história) como moduladoras de humor ou antidepressivo. Polito e Stevenson, no entanto, atribuem a voga atual ao livro-guia de James Fadiman, que traz uma sessão inteira sobre os supostos efeitos positivos da microdosagem baseada em relatos de adeptos dessa modalidade: melhorias em criatividade, foco, vida afetiva e relacionamentos. Tudo isso sem ficar "chapado" e levando uma vida funcional de trabalho ou estudo. Não admira que, após a publicação do livro de Fadiman, essa psicodelia de resultados tenha angariado enorme atenção, com centenas de reportagens sobre a prática e dezenas de milhares de entusiastas em fóruns na internet a trocar dicas e conselhos.

Tampouco surpreende que a Fundação Beckley de Amanda Feilding, a baronesa britânica que faz campanha há mais de cinquenta anos em favor de psicodélicos, e em particular do LSD como "vitamina" para a mente, tenha estabelecido uma linha de pesquisa específica sobre microdosagem com a Universidade de Maastricht, na Holanda. O objetivo da colaboração é investigar essa estratégia de uso com os métodos consagrados da pesquisa biomédica, os estudos com placebo. Resultados preliminares anunciados pela Beckley indicam benefícios para o humor, funções cognitivas como a atenção e até tolerância à dor.[10]

A fundação também lançou uma pesquisa inovadora sobre microdoses com o Imperial College, a cargo de Balázs Szigeti e David Erritzoe, na qual voluntários realizam a randomização em suas próprias casas, quer dizer, num sistema "autocego", em lugar do tradicional duplo-cego.[11] Os participantes foram incumbidos de preparar envelopes com suas doses de LSD e placebo em cápsulas opacas indistinguíveis para ingestão quatro vezes por semana ao longo de um mês, seguindo um complicado esquema em sete etapas explicadas num manual. Pelo sistema criado, o psiconauta nunca saberia em que dias tomou ácido ou psilocibina e em que dias ingeriu cápsulas vazias. O artigo com os resultados foi publicado em 2 de março de 2021, mostrando que a microdosagem de psicodélicos traz benefícios cognitivos, mas também que não há como distingui-los dos produzidos pelo efeito placebo.

Para seu estudo sistemático na Universidade Macquarie, Polito e Stevenson alistaram 98 pessoas saudáveis e experimentadas, pedindo-lhes que preenchessem diariamente escalas para medir efeitos da microdosagem ao longo de seis semanas, mas sem o artifício de comparar psicodélicos com placebo. O objetivo era medir quanto se sentiam conectados, contemplativos, criativos, focados, felizes e produtivos. Além disso, a dupla aplicou questionários padronizados sobre estados e transtornos mentais — como depressão, ansiedade, criatividade etc. — no início e ao fim do período de observação. Nas medidas cotidianas, verificou-se um incremento em todos os quesitos psicológicos, mas só nos dias de dosagem, sem o efeito continuado nos dias de intervalo, diferentemente do que alegam os defensores da microdosagem. Já os resultados de médio prazo indicaram melhora geral discreta na saúde mental e nos mecanismos de atenção, mas também ligeiro aumento de alguns traços neuróticos. "No geral, esses resultados sugerem várias discrepâncias entre a narrativa popular acerca da microdosagem e a experiência de microdosadores nesta amostra", concluíram.

Assim como se diz da diferença entre venenos e remédios, a dosagem parece aqui também ser decisiva. O primeiro adepto das microdoses a dar seu testemunho no livro de Fadiman, um expert ambiental chamado Charles, descreve assim a orientação que recebeu ao se iniciar na prática:

> Meu mentor de microdoses uma vez me disse que nas doses bem mais baixas você vê o quanto Deus ama você; se tomar um pouco mais, você também vê o quanto ama a Deus; e, se tomar muito mais, aí é óbvio que fica bem mais complicado separar exatamente quem é você e quem é Deus.

Outra maneira de formular a questão, mais teórica ou científica, porém menos inspirada, diria que são diferentes níveis de entropia nas redes de conexão cerebral, ou graus diversos de consistência e dissolução do ego. Cada um deveria poder buscar o seu, aquele ponto em que vida e saúde mentais se equilibram, com ou sem a ajuda de psicodélicos e psicoterapeutas.

Epílogo

Este livro é um rebento da pandemia de coronavírus, de certa maneira. Começou a nascer três anos antes, quando cobri para a *Folha de S.Paulo* a conferência Psychedelic Science 2017, e descobri a riqueza jornalística e o potencial terapêutico da ciência psicodélica. Poucas semanas depois, recebi de Otavio Frias Filho o empurrão decisivo para escrevê-lo. Teve início o período prolongado de entrevistas, viagens e pesquisas para lhe dar substância, desafio para qualquer empreendimento que pretenda dar conta de um campo de pesquisa científica em ebulição, como neste caso. Sempre há mais uma convenção científica a comparecer, novos estudos não param de sair, surgem sucessivos personagens e ângulos para a narrativa.

Em janeiro de 2020, decidi que iria escrevê-lo com o material que tinha reunido e só buscaria informações que faltassem para contar bem as histórias. Mais ou menos na mesma época chegaram as primeiras notícias de uma pneumonia atípica grassando na cidade de Wuhan, na China. Pouco mais de seis meses depois, está aqui o resultado, que antes mesmo de entrar no prelo já estará desatualizado — paciência.

Enquanto escrevo este epílogo, leio nas redes que David Nutt, do Imperial College, lançou outra investigação científica sobre a psilocibina, desta vez para testar o efeito terapêutico em pessoas que sofrem de TOC. Outros estudos clínicos abordam o composto psicoativo dos cogumelos mágicos para tratar anorexia, síndromes do espectro autista, dependência de nicotina e álcool. Em 12 de maio deste ano terrível de 2020, a Associação Multidisciplinar para Estudos Psicodélicos (MAPS) divulgou que uma análise preliminar de sessenta pacientes com estresse pós-traumático tratados com MDMA em teste clínico de fase três mostrou resultados encorajadores.

A incompletude do volume, nesse sentido, é um efeito adverso — ou tributo às avessas — da proliferação do germe psicodélico nas fileiras da neurociência e, oxalá, nas da psiquiatria.

O distanciamento social e o recolhimento pessoal impostos pelo coronavírus contribuíram ampliando o tempo disponível para a tarefa e aniquilando os pretextos para procrastinar. Desapareceram as viagens ao supermercado e à quitanda, as visitas a amigos e restaurantes, os almoços de domingo com filhas e netos, as idas a cinemas e espetáculos de música. Por outra parte, surgiram empecilhos psicológicos novos com a leitura cotidiana de notícias lúgubres, não só pela contabilidade macabra de novos casos e mortes, mas por ver aflorar nas páginas de jornais e nas redes sociais um fluxo ininterrupto de palavras e imagens a canalizar erupção nunca vista de maldade humana, desrazão e ausência de empatia. Acreditava já ter visto o pior na época das eleições de Donald Trump nos Estados Unidos e de Jair Bolsonaro no Brasil, mas algo bem mais sinistro estava por eclodir, cá e lá, na esteira da Covid-19 e outras doenças. Foram meses de muita e intensa tristeza.

Alguma culpa, também. Como já trabalhava em casa, pouca coisa mudou. Estou isolado na companhia da mulher que amo há quatro décadas, Claudia, boa parte do tempo em convívio estreito com um casal de netos, Alice e Tomás, que são uma dádiva trazida pela filha mais velha, Paula — Ana e seu filhinho Antônio só vemos por videochamada, infelizmente. Há verde por todo lado, uma vista apaziguadora da serra da Mantiqueira, silêncio e repouso nas doses certas. O coração se encolhe ao pensar na maioria das pessoas que não têm escolha e labutam dia após dia em hospitais e UTIs, ônibus e metrô lotados, barracas de ambulante, caixas de supermercado, becos de favelas, viaturas de polícia e ambulâncias.

Milhões se contaminaram com o vírus Sars-CoV-2 no Brasil, e a contagem de corpos vai alcançar centenas de milhares, na marcha da necropolítica patrocinada com zelo por Bolsonaro. A maioria das vítimas morre sozinha, intubada, sedada, longe da família, que não poderá enterrá-las apropriadamente. Nunca imaginei que veria valas comuns abertas por tratores na mesma semana em Nova York e Manaus para abrigar cadáveres empilhados em caminhões frigoríficos. Nem durante a ditadura militar no Brasil havia tanto sofrimento a se espalhar pelo tecido social e a se compor com ódio político e desgraça econômica. Ninguém sabe como nem quando o pesadelo terminará.

Há algo de acaciano em predizer que, se um dia a praga do coronavírus arrefecer, sobrevirá uma pandemia de transtornos mentais. Como sairão dessa tragédia milhares de trabalhadores da saúde convivendo diariamente com a morte de pacientes sob seus cuidados, acossados pelo temor ininterrupto de contaminação, vendo colegas caírem enfermos e, assim como seus antigos pacientes, uns tantos deles morrerem por afogamento, com os pulmões inundados de secreções? Desemprego e violência doméstica em alta, e a criminalidade em geral a ponto de seguir no mesmo rumo. O desespero de não ter comida para pôr na mesa da família e a humilhação interminável nas filas de um governo incompetente até para pagar o magro auxílio emergencial no tempo devido. O rancor ideológico que escorre pelas redes sociais e grupos de mensagens, criando inimizade entre amigos, parentes e vizinhos. Obituários que não param de crescer e de alcançar a todos — de famosos, de desconhecidos, de conhecidos, de familiares. Como poderiam não aumentar a depressão, a ansiedade, a angústia, o estresse, o desespero?

Precisaremos de uma força-tarefa de psicoterapeutas para combater o tsunami de tristeza que vem pela frente. As águas já recuaram assustadoramente na orla da pandemia, mas não se sabe o tamanho do vagalhão de infelicidade que desabará sobre os homens e as mulheres, sobre as crianças que crescem e os velhos que sobrarem. Antes do coronavírus, apenas a obtusidade proibicionista, que dura meio século, ainda impedia o acesso a uma classe de substâncias — os psicodélicos — que a pesquisa científica indica ser capaz de mitigar as dores da alma impostas pelo tempo. Depois da Covid-19, seguir bloqueando a pesquisa que mapeia seu potencial será um crime ao estilo dos genocidas instalados em alguns governos.

Espero que as poderosas histórias de pessoas que sofrem e dos cientistas psiconautas pioneiros narradas aqui sirvam para dissolver parte dos preconceitos remanescentes e ajudem a abrir caminho para a regulamentação de lenitivos de que, sem serem panaceia, mais e mais de nós poderemos vir a necessitar.

Santo Antônio do Pinhal, julho de 2020

Agradecimentos

Como o foco deste livro são as aplicações terapêuticas da ciência psicodélica, meus primeiros agradecimentos a quem o tornou possível vão para os pacientes e participantes voluntários das pesquisas e dos testes clínicos que vêm comprovando a viabilidade de tratamentos inovadores. São pessoas que sofrem com depressão, ansiedade, dependência química e outros males estigmatizados no meio social, razão pela qual optei por não revelar seus nomes verdadeiros, mas fica aqui registrada, anonimamente, a gratidão por sua coragem ao oferecer os testemunhos que me convenceram do potencial curativo e regenerador das substâncias ayahuasca, MDMA, LSD, ibogaína e psilocibina.

Em segundo lugar, esta apresentação do universo psicodélico teve como centro de gravidade a pesquisa realizada no Brasil, em que os psiconautas de bancada e consultório lutam contra condições precárias e preconceitos para se manter como protagonistas num cenário internacional cada vez mais competitivo. A ciência é feita por pessoas, algumas mais abertas do que outras para educar jornalistas, e cabe destacar algumas delas que tiveram papel fundamental em meu despertar, como Sidarta Ribeiro,

Stevens "Bitty" Rehen, Dráulio de Araújo e Luís Fernando Tófoli. Todos contribuíram com horas e horas de conversa, indicações bibliográficas, explicações pacientes, experimentos e estudos em andamento, leituras críticas de capítulos, apresentações que abriram portas decisivas e suas muitas qualidades pessoais — inteligência, perseverança, entusiasmo, simpatia e generosidade, para começar. Foi um privilégio conviver com eles, sua confiança e seu brilho nesses três anos de imersão.

Além da leitura do manuscrito pelo quarteto, o livro passou por várias revisões atentas e penetrantes da psicóloga Claudia Mattos Kober, minha mulher, à medida que cada capítulo e cada versão eram completados, escrutínio repetido depois de pronta a redação final. Este livro e este autor teriam muito mais defeitos sem ela. Também contribuíram com revisões parciais os entrevistados Nicole Leite Galvão-Coelho e Bruno Rasmussen Chaves — a eles vai um agradecimento adicional.

Outros pesquisadores, estudiosos, psiconautas, médicos e terapeutas deram entrevistas decisivas para compor este volume. No Brasil, seguindo a ordem dos capítulos, Fernanda Palhano-Fontes, João Paulo Maia de Oliveira, Emerson Arcoverde, Bruno Lobão Soares, Bruno Gomes, Beatriz Caiuby Labate, Eduardo Ekman Schenberg, André Brooking Negrão, Rogério Moreira de Souza e Alberto Edwards. No exterior, Richard Doblin, Michael Pollan, Amanda Feilding, David Nutt e Bruna Giribaldi Cunha. Robin Carhart-Harris abriu as portas do Imperial College. Monty Wates franqueou acesso ao documentário *Magic Medicine*. Nem é preciso dizer que todos eles são os maiores responsáveis por tudo de correto e bom que houver neste livro, e obviamente por nada do que estiver errado ou possivelmente distorcido por mim.

Não foram poucas as pessoas que ajudaram a tornar possíveis as viagens e os encontros na origem deste volume. Na *Folha de S.Paulo*, onde saíram muitas das reportagens de lastro a esta narrativa, sempre contei com o apoio de Otavio Frias Filho (*in memoriam*), Sérgio Dávila, Marcos Augusto Gonçalves, Uirá Machado, Mariana Versolato e Luciana Maia. Amigos, amigos de amigos, parentes e conhecidos fizeram, como sempre, diferença: Flávia Ribeiro, Natália Mota, Juliana Barreto, Helena Borges, Fernando Mariano Nogueira, Olga Bojarczuk, Sandro José de Souza, Roger e Anne Harrabin, Mauricio Bernis e Jocimar Nastari.

Agradeço à editora Rita Mattar pela condução segura deste livro a bom porto e por nunca desistir dele, com todos os solavancos da política e da economia num país em que as doenças crônicas da letargia institucional e da insensibilidade social foram agravadas de maneira cruel pela pandemia da Covid-19. Confiança, humor e esperança foram decisivos para nossa sobrevivência.

Minha gratidão mais profunda vai para minha família — bússola, vela, leme, vento e motor que permitiram essa e tantas outras travessias, entre tempestades e calmarias: à Claudia, por quatro décadas de vida doce e de paciência; à Paula e à Ana, pela fortaleza incomum e pelos netos Alice, Tomás e Antônio, em cuja companhia viajo de volta à espontaneidade da infância e a fulgurações que põem na sombra os próprios psicodélicos.

Notas

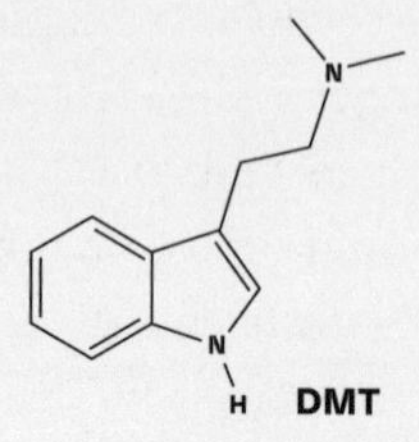

PLANTA PROFESSORA [PP. 15-75]

1. WORLD HEALTH ORGANIZATION. *Depression and Other Common Mental Disorders: Global Health Estimates*. Genebra: WHO, 2017. Disponível em: <https://www.who.int/mental_health/management/depression/prevalence_global_health_estimates/en/>.

2. JIMÉNEZ-GARRIDO, D. F. et al. "Effects of Ayahuasca on Mental Health and Quality of Life in Naïve Users: A Longitudinal and Cross-Sectional Study Combination". *Scientific Reports*, 2020. Disponível em: <www.doi.org/10.1038/s41598-020-61169-x>.

3. SOUZA, R. C. Z. et al. "Validation of an Analytical Method for the Determination of the Main Ayahuasca Active Compounds and Application to Real Ayahuasca Samples from Brazil". *Journal of Chromatography*, 2019, pp. 197-203. Disponível em: <www.doi.org/10.1016/j.jchromb.2019.06.014>.

4. O fórum de discussões sob o título "A neurociência dos psicodélicos: Uma revolução em curso" aconteceu em 13 de setembro de 2018, no Instituto de Economia da Unicamp.

5. PALHANO-FONTES, F. et al. "Rapid Antidepressant Effects of the Psychedelic Ayahuasca in Treatment-Resistant Depression: A Randomized Placebo--Controlled Trial". *Psychological Medicine* 49, 2019, pp. 655-63. Disponível em: <www.doi.org/10.1017/S0033291718001356>.

6. PALHANO-FONTES, F. et al. "A Randomized Placebo-Controlled Trial on the Antidepressant Effects of the Psychedelic Ayahuasca in Treatment-Resistant Depression". *bioRxiv*, 2017. Disponível em: <www.biorxiv.org/content/10.1101/103531v2>.

7. OSORIO, F. de L. et al. "Antidepressant Effects of a Single Dose of Ayahuasca in Patients with Recurrent Depression: A Preliminary Report". *Revista Brasileira de Psiquiatria*, v. 37, n. 1, 2015, pp. 13-20. Disponível em: <www.dx.doi.org/10.1590/1516-4446-2014-1496>.

8. CARHART-HARRIS, R. L. et al. "Psilocybin with Psychological Support for Treatment-Resistant Depression: An Open-Label Feasibility Study". *The Lancet Psychiatry*, 2016, pp. 619-27.

9. PALHANO-FONTES, F. et al. "The Psychedelic State Induced by Ayahuasca Modulates the Activity and Connectivity of the Default Mode Network". *PLOS ONE*, 2015. Disponível em: <www.doi.org/10.1371/journal.pone.0118143>.

10. ARAÚJO, D. B. et al. "Seeing With the Eyes Shut: Neural Basis of Enhanced Imagery Following Ayahuasca Ingestion". *Human Brain Mapping*, 2012. Disponível em: <www.doi.org/10.1002/hbm.21381>.

11. GALVÃO-COELHO, N. L. et al. "Common Marmosets: A Potential Translational Animal Model of Juvenile Depression". *Frontiers in Psychiatry*, 2017. Disponível em: <www.frontiersin.org/articles/10.3389/fpsyt.2017.00175/full>.

12. GALVÃO-COELHO, N. L. et al. "Changes in Inflammatory Biomarkers Are Related to the Antidepressant Effects of Ayahuasca". *Journal of Psychopharmacology*. Disponível em: <www.doi.org/10.1177%2F0269881120936486>.

13. PALHANO-FONTES, F. et al. "The Therapeutic Potentials of Ayahuasca in the Treatment of Depression". In: LABATE, B. C.; CAVNAR, C. *The Therapeutic Use of Ayahuasca*. Berlim: Springer-Verlag, 2014, p. 23.

14. Disponível em: <www.who.int/news-room/fact-sheets/detail/depression>.

15. HERCULANO-HOUZEL, S. "The Human Brain in Numbers: a Linearly Scaled-Up Primate Brain". *Frontiers in Human Neuroscience*, v. 3, 2009.

16. PALHANO-FONTES, F. et al. "The Therapeutic Potentials of Ayahuasca in the Treatment of Depression". In: LABATE, B. C.; CAVNAR, C. *The Therapeutic Use of Ayahuasca*. Berlim: Springer-Verlag, 2014, p. 25.

17. Ibid., p. 31.

18. GARCEZ, P. P. et al. "Zika Virus Impairs Growth in Human Neurospheres and Brain Organoids". *Science*, 2016.

19. Disponível em: <www1.folha.uol.com.br/equilibrioesaude/2019/08/alcoolismo-e-alzheimer-entram-na-mira-dos-tratamentos-psicodelicos.shtml>.

20. DAKIC, V. et al. "Short Term Changes in the Proteome of Human Cerebral Organoids Induced by 5-MEO-DMT". *Scientific Reports* 7, 2017. Disponível em: <www.doi.org/10.1038/s41598-017-12779-5>.

21. Ibid.

22. Disponível em: <www.santodaime.org/site/religiao-da-floresta/o-santo-daime/introducao>.

23. Disponível em: <www.santodaime.org/site/religiao-da-floresta/mestre-irineu/biografiamestre>.

24. LABATE, B. C.; PACHECO, G. "The Historical Origins of Santo Daime: Academics, Adepts, and Ideology". In: LABATE, B. C.; JUNGABERLE, H. *The Internationalization of Ayahuasca.* Berlim: LIT Verlag, 2011, p. 71.

25. UNIÃO DO VEGETAL. *O direito ao uso religioso do chá hoasca*. Brasília: UDV, 2018, pp. 19-20.

26. GOMES, B. R. *O uso ritual da ayahuasca na atenção à população em situação de rua*. Salvador: EDUFBA, 2016.

27. LIMA, F.; TÓFOLI, L. F. "An Epidemiological Surveillance System by the UDV: Mental Health Recommendations Concerning the Religious Use of Ayahuasca". In: LABATE, B. C., JUNGABERLE, H. *The Internationalization of Ayahuasca*. Berlim: LIT Verlag, 2011, p. 186.

28. Ibid., p. 198.

29. Disponível em: <www.udv.org.br/pesquisas-cientificas/projeto-hoasca>.

30. GROB, C. S. et al. "Human Psychopharmacology of Hoasca, a Plant Hallucinogen Used in Ritual Context in Brasil". *The Journal of Nervous & Mental Disease*, v. 184, 1996, pp. 86-94.

31. SILVEIRA, D. X. et al. "Ayahuasca in Adolescence: A Preliminar Psychiatric Assessment". *Journal of Psychoactive Drugs*, v. 37, 2005.

32. BOUSO, J.C.; RIBA, J. "Ayahuasca and the Treatment of Drug Addiction". In: LABATE, B. C.; CAVNAR, C. *The Therapeutic Use of Ayahuasca.* Berlim: Springer Verlag, 2014.

33. LABATE, B. C. et al. "Effect of Santo Daime Membership on Substance Dependence". In: LABATE, B. C.; CAVNAR, C. *The Therapeutic Use of Ayahuasca.* Berlim: Springer Verlag, 2014, pp. 153-9.

34. Ibid., p. 158.

35. Disponível em: <www.chacruna.net/community/ayahuasca-community-guide-for-the-awareness-of-sexual-abuse>.

MICHAEL DOUGLAS [PP. 76-105]

1. Disponível em: <www.youtube.com/watch?v=yobpw8ihOoQ>.

2. Na conferência Horizons, de 2014. Disponível em: <https://youtu.be/TZLAFZYCCPQ>.

3. Disponível em: <www.maps.org/news/media/7054-press-release-mercer-family-foundation-grants-$1-million-to-maps-for-ptsd-research-in-veterans>.

4. Disponível em: <www.mentalhealth.va.gov/docs/data-sheets/2019/2019_National_Veteran_Suicide_Prevention_Annual_Report_508.pdf>.

5. MITHOEFER, M. C. "MDMA-Assisted Psychotherapy for Treatment of PTSD: Study Design and Rationale for Phase Three Trials Based on Pooled Analysis of Six

Phase Two Randomized Controlled Trials". *Psychopharmacology*, 2019. Disponível em: <www.doi.org/10.1007/s00213-019-05249-5>.

6. FREUDENMANN, R. W. "The Origin of MDMA (Ecstasy) Revisited: The True Story Reconstructed From the Original Documents". *Addiction*, 2006. Disponível em: <www.doi.org/10.1111/j.1360-0443.2006.01511.x>.

7. SESSA, B.; HIGBED, L.; NUTT, D. (2019) "A Review of 3,4-methylenedioxymethamphetamine (MDMA)-Assisted Psychotherapy". *Front. Psychiatry*, 2019. Disponível em: <www.frontiersin.org/articles/10.3389/fpsyt.2019.00138/full>.

8. Ibid.

9. DANFORTH, A. L. "Reduction in Social Anxiety After MDMA-Assisted Psychotherapy with Autistic Adults: a Randomized, Double-Blind, Placebo-Controlled Pilot Study". *Psychopharmacology*, 2018. Disponível em: <www.doi.org/10.1007/s00213-018-5010-9>.

10. Disponível em: <www.maps.org/news/media/7382-press-release-mdma-assisted-psychotherapy-shows-promise-for-reducing-social-anxiety-in-autistic-adults,-new-study-shows>.

11. KREBS, T. S. et al. "Lysergic Acid Diethylamide (LSD) for Alcoholism: Meta-Analysis of Randomized Controlled Trials". *Journal of Psychopharmacology*, 2012. Disponível em: <https://doi.org/10.1177/0269881112439253>.

12. SESSA, B.; SAKAL, C.; O'BRIEN, S. et al. *BMJ Case Rep* 2019; 12:E230109. DOI:10.1136/BCR-2019- 230109

13. JARDIM, A. et al. "3,4-methylenedioxymethamphetamine (MDMA) – Assisted Psychotherapy for Victims of Sexual Abuse with Severe Post-Traumatic Stress Disorder: An Open Label Pilot Study in Brazil". *Brazilian Journal of Psychiatry*, 2020. Disponível em: <www.scielo.br/scielo.php?script=sci_arttext&pid=S1516-44462020005020203&lng=en&nrm=iso>.

14. JARDIM, A. et al. Op. cit.

15. Disponível em: <https://youtu.be/xyptZHzE2Cs>.

16. CARHART-HARRIS, R. L. et al. "Neural Correlates of the LSD Experience Revealed by Multimodal Neuroimaging". *PNAS*, v. 113, 2016.

17. ARAÚJO, D. B. et al. "Seeing With the Eyes Shut: Neural Basis of Enhanced Imagery Following Ayahuasca Ingestion". *Human Brain Mapping*, 2012.

18. SCHENBERG, E. E. et al. "Treating Drug Dependence With the Aid of Ibogaine: a Retrospective Study". *Journal of Psychopharmacology*, 2014. Disponível em: <www.doi.org/10.1177/0269881114552713>.

19. SCHENBERG, E. E. et al. "Acute Biphasic Effects of Ayahuasca". *PLOS ONE*, 2015.

20. LEITE, M. "Sonhos de Natal". *piauí*, 27, dez. 2008. Disponível em: <https://piaui.folha.uol.com.br/materia/sonhos-de-natal/>.

21. Disponível em: <https://youtu.be/lpPBB308krA>.

22. "Ecstasy e LSD podem virar remédio contra distúrbios psíquicos em breve". *Folha de S.Paulo*, 11 jun. 2017. Disponível em: <www1.folha.uol.com.br/

ilustrissima/2017/06/1891632-o-congresso-ciencia-psicodelica-e-o-ecstasy-como-remedio.shtml>.

LYSERGSÄUREDIÄTHYLAMID [PP. 106-55]

1. YANO, J. M. et al. “Indigenous Bacteria From the Gut Microbiota Regulate Host Serotonin Biosynthesis”. *Cell*, 2015, pp. 264-76. Disponível em: <www.doi.org/10.1016/j.cell.2015.02.047>.

2. WACKER, D. et al. “Crystal Structure of an LSD-Bound Human Serotonin Receptor”. *Cell*, 2017. Disponível em: <www.dx.doi.org/10.1016/j.cell.2016.12.033>.

3. HOFMANN, A. *LSD: My Problem Child*. Oxford University Press, 2013, p. 40.

4. Ibid., p. 46.

5. Ibid., p. 47. Tradução livre.

6. Ibid., p. 48.

7. Ibid., p. 51. Tradução livre.

8. WASSON, G. R. “Magic Mushroom”. *Life*, 13 mai. 1957, pp. 100-20. Disponível em: <www.tiny.cc/o5h1jz>.

9. LATTIN, Don. *The Harvard Psychedelic Club: How Timothy Leary, Ram Dass, Huston Smith, and Andrew Weil Killed the Fifties and Ushered in a New Age for America.* Nova York: HarperCollins, 2011, p. 41.

10. NUTT, D.; CARHART-HARRIS, R. “The Current Status of Psychedelics in Psychiatry”. *JAMA Psychiatry*, 2020. Disponível em: <www.doi.org/10.1001/jamapsychiatry.2020.2171>.

11. HADEN, M.; WOODS, B. “LSD Overdoses: Three Case Reports”. *Journal of Studies on Alcohol and Drugs*, 2020. Disponível em: <www.doi.org/10.15288/jsad.2020.81.115>.

12. MARTINS, C. *A psicose lisérgica: Psicopatologia da percepção do espaço, da percepção do tempo e da despersonalização*. São Paulo: FMUSP, 1964. Tese (livre-docência em Clínica Psiquiátrica).

13. Disponível em: <www.americanaddictioncenters.org/LSD-abuse>.

14. Disponível em: <www.theguardian.com/news/datablog/2014/dec/23/how-bad-trips-on-LSD-and-magic-mushrooms-compare>.

15. NUTT, D.; CARHART-HARRIS, R. Op. cit.

16. DELMANTO, J. *História social do LSD no Brasil: Os primeiros usos medicinais e o começo da repressão*. São Paulo: FFLCH-USP, 2018. Tese (doutorado em História Social). Disponível em: <www.teses.usp.br/teses/disponiveis/8/8138/tde-11122018-161707/pt-br.php>.

17. TANNE, J. H. "Humphry Osmond". *BMJ: British Medical Journal*, v. 328, 2004.

18. DYCK, E. "'Hitting Highs at Rock Bottom': LSD Treatment for Alcoholism, 1950-1970". *Social History of Medicine*, v. 19, n. 2, 2006, pp. 313-29.

19. JENSEN, S. E. "A Treatment Program for Alcoholics in a Mental Hospital". *Quarterly Journal Studies of Alcohol*, 1962.

20. SMART, R. G. et al. "A Controlled Trial of Lysergide in the Treatment of Alcoholism: The Effects on Drinking Behaviour". *Quarterly Journal of Studies of Alcohol*, v. 27, 1966, pp. 469-82.

21. SESSA, B. *The Psychedelic Renaissance*. Londres: Muswell Hill Press, 2017, p. 251.

22. GASSER, P. "Safety and Efficacy of Lysergic Acid Diethylamide-Assisted Psychotherapy for Anxiety Associated With Life-Threatening Diseases". *The Journal of Nervous and Mental Disease*, 2014.

23. SESSA, B. Op. cit., p. 274.

24. Uma versão mais longa do relato a seguir foi publicada na *Folha de S.Paulo* em 2019. Disponível em: <www1.folha.uol.com.br/ilustrissima/2019/11/como-uma-condessa-britanica-se-tornou-a-madrinha-dos-psicodelicos.shtml>.

25. ARAUJO, D. B. et al. "Seeing With the Eyes Shut: Neural Basis of Enhanced Imagery Following Ayahuasca Ingestion". *Human Brain Mapping*, 2012.

26. Em 2019, realizou-se nessa cidade a primeira conferência da Sociedade Internacional para Pesquisa Sobre Psicodélicos (ISRP, na abreviação em inglês).

27. CINI, F. A. et al. "D-Lysergic Acid Diethylamide Has Major Potential as a Cognitive Enhancer". *bioRxiv*, 2019. Disponível em: <www.doi.org/10.1101/866814>.

28. Disponível em: <www1.folha.uol.com.br/ciencia/2019/12/LSD-pode-frear-declinio-mental-diz-estudo-brasileiro.shtml>.

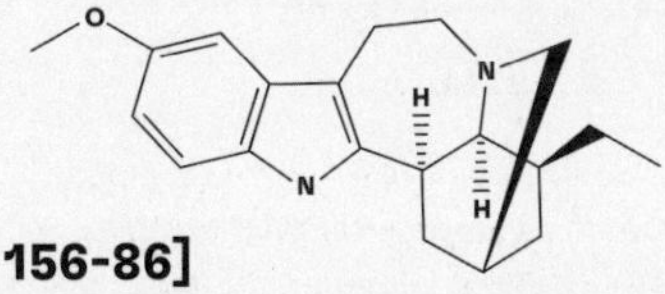

RAIZ DO SOFRIMENTO [PP. 156-86]

1. NOLLER, G. E. et al. "Ibogaine Treatment Outcomes for Opioid Dependence From a Twelve-Month Follow-Up Observational Study". *The American Journal of Drug and Alcohol Abuse* 44, n. 1, 2018, pp. 37-46. Disponível em: <www.dx.doi.org/10.1080/00952990.2017.1310218>.

2. MASH, D. “Breaking the Cycle of Opioid Use Disorder with Ibogaine”. *The American Journal of Drug and Alcohol Abuse*, 2017.

3. Trecho disponível em: <https://youtu.be/bcgbZY7x_wU>.

4. BROWN, T. K.; NOLLER, G. E.; DENENBERG, J. O. “Ibogaine and Subjective Experience: Transformative States and Psychopharmacotherapy in the Treatment of Opioid Use Disorder”. *Journal of Psychoactive Drugs*, 2019.

5. LAVAUD, C.; MASSIOT, G. (2017) “The Iboga Alkaloids”. In: KINGHORN, A.; FALK, H.; GIBBONS, S.; KOBAYASHI, J. (Orgs.). *Progress in the Chemistry of Organic Natural Products*, 105. Springer International Publishing, 2017.

6. ALPER, K. R.; GLICK, S. D. (Orgs.). *Ibogaine: Proceedings of the First International Conference.* San Diego: Academic Press, 2001, p. 4.

7. Ibid.

8. ALPER, K. R. et al. “Treatment of Acute Opioid Withdrawal with Ibogaine”. *The American Journal on Addictions*, 1999. Disponível em: <www.doi.org/10.1080/105504999305848>.

9. Id. “Fatalities Temporally Associated with the Ingestion of Ibogaine”. *Journal of Forensic Sciences*, v. 57, n. 2, 2012.

10. Resolução disponível em: <https://bvsms.saude.gov.br/bvs/saudelegis/anvisa/2013/rdc0038_12_08_2013.html>.

11. SILVEIRA, D. X. et al. “Treating Drug Dependence with the Aid of Ibogaine: A Retrospective Study”. *J Psychopharmacol*, 2014.

12. SCHENBERG, E. E. et al. “A Phenomenological Analysis of the Subjective Experience Elicited by Ibogaine in the Context of a Drug Dependence Treatment”. *Journal of Psychedelic Studies,* 2017, pp. 74-83.

13. BROWN, T. K.; NOLLER, G. E.; DENENBERG, J. O. Op. cit.

14. CARNICELLA, S.; RON, D. “GDNF: A Potential Target to Treat Addiction”. *Pharmacol Ther*, 2009.

15. Disponível em: <https://youtu.be/AeQISsAf7M4>.

16. SILVEIRA, D. X. et al. Op. cit.

17. NOLLER, G. E. et al. Op. cit.

18. Ibid.

19. ROTH, G. A. et al. (2018). “Global, Regional, and National Age-Sex-Specific Mortality for 282 Causes of Death in 195 Countries and Territories, 1980-2017: A Systematic Analysis for the Global Burden of Disease Study 2017”. *The Lancet*, 2018, pp. 1736-88.

HAY ESPÍRITU [PP. 187-221]

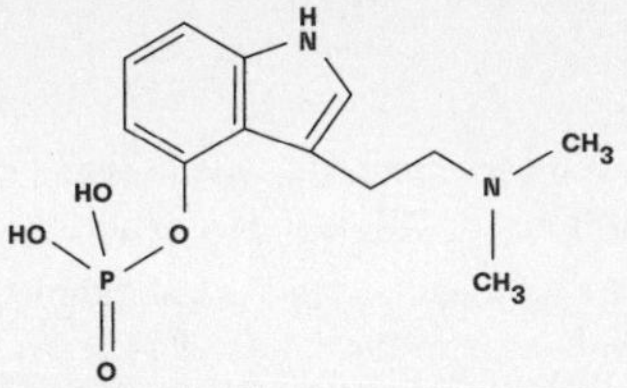

1. Disponível em: <www.bit.ly/2ScW6WD>.

2. Disponível em: <www.bit.ly/2SbxGwn>.

3. SESSA, B. *The Psychedelic Renaissance*. Londres: Muswell Hill Press, 2017, p. 174.

4. HOFMANN, A. *LSD: My Problem Child*. Oxford University Press, p. 126, 2013.

5. Ibid., p. 139.

6. Ibid., p. 152.

7. LATTIN, D. *The Harvard Psychedelic Club*. São Francisco: HarperOne, 2011, p. 74.

8. Ibid., p. 75.

9. Ibid., p. 82.

10. "Pahnke's 'Good Friday Experiment': A Long-Term Follow-Up and Methodological Critique". *The Journal of Transpersonal Psychology*, v. 23, 1991. Disponível em: <www.psilosophy.info/resources/mushrooms_journal2.pdf>.

11. Ibid., pp. 14-5. Tradução livre.

12. Ibid., p. 15. Tradução livre.

13. Disponível em: <www.youtube.com/watch?v=6bu3q3GMHfE>.

14. GRIFFITHS, R. et al. "Psilocybin Can Occasion Mystical-Type Experiences Having Substantial and Sustained Personal Meaning and Spiritual Significance". *Psychopharmacology*, 2006. Disponível em: <www.hopkinsmedicine.org/press_releases/2006/griffithspsilocybin.pdf>.

15. GRIFFITHS, R. et al. "Mystical-Type Experiences Occasioned by Psilocybin Mediate the Attribution of Personal Meaning and Spiritual Significance Fourteen Months Later". *J Psychopharmacol*, 2008. Disponível em: <www.ncbi.nlm.nih.gov/pmc/articles/PMC3050654/pdf/nihms252841.pdf>.

16. GRIFFITHS, R. et al. "Psilocybin Occasioned Mystical-Type Experiences: Immediate and Persisting Dose-Related Effects". *Psychopharmacology*, 2011. Disponível em: <www.ncbi.nlm.nih.gov/pmc/articles/PMC3308357/pdf/nihms-347884.pdf>.

17. GRIFFITHS, R. "Psilocybin Produces Substantial and Sustained Decreases in Depression and Anxiety in Patients with Life-Threatening Cancer: A Randomized Double-Blind Trial". *Journal of Psychopharmacology*, v. 30, 2016. Disponível em: <https://doi.org/10.1177/0269881116675513>.

18. Disponível para aluguel em: <www.vimeo.com/ondemand/magicmedicine>.

19. Depoimento de apresentação disponível na página do documentário: <www.magicmedicine.net>.

20. Disponível em: <www.vimeo.com/ondemand/magicmedicine>.

21. CARHART-HARRIS, R. et al. "Psilocybin with Psychological Support for Treatment-Resistant Depression: An Open-Label Feasibility Study". *The Lancet*

Psychiatry 3, 2016. Disponível em: <thelancet.com/journals/lanpsy/article/PIIS2215-0366(16)30065-7/fulltext>.

22. PALHANO-FONTES, F. et al. “Rapid Antidepressant Effects of the Psychedelic Ayahuasca in Treatment-Resistant Depression: A Randomized Placebo--Controlled Trial”. *Psychological Medicine* 49, 2019. Disponível em: <www.doi.org/10.1017/S0033291718001356>.

23. Disponível em: <www.doi.org/10.1186/ISRCTN10584863>.

24. NUTT, D.; CARHART-HARRIS, R. “The Current Status of Psychedelics in Psychiatry”. *JAMA Psychiatry*, 2020.

25. Algumas dessas informações foram publicadas originalmente em coluna na *Folha de S.Paulo*. Disponível em: <www1.folha.uol.com.br/colunas/marceloleite/2018/12/pesquisadores-reagem-a-patentes-de-droga-psicodelica-extraida-de-fungos.shtml>.

26. Disponível em: <www.chacruna.net/cooperation-over-competition-statement-on-open-science-for-psychedelic-medicines-and-practices/>.

27. Disponível em: <www.prnewswire.com/news-releases/compass-pathways-granted-patent-covering-use-of-its-psilocybin-formulation-in-addressing-treatment-resistant-depression-300985534.html>.

28. Disponível em: <www.maps.org/navigating-mental-health-compass-pathways%E2%80%99-psilocybin-research-program>.

29. Disponível em: <www.portal.anvisa.gov.br/documents/33868/3233596/74+-+RDC+N%C2%BA+372-2020+-+DOU.pdf/2d56fb43-28a9-433a-897e-7122c35c44be>.

30. Disponível em: <www.youtube.com/watch?v=vFWxWqoFvoU>.

31. SESSA, B. *The Psychedelic Renaissance*. Londres: Muswell Hill Press, 2017, p. 173.

32. Disponível em: <www.theguardian.com/politics/2009/oct/30/drugs-adviser-david-nutt-sacked>.

33. CARHART-HARRIS, R. L. et al. “The Administration of Psilocybin to Healthy, Hallucinogen-Experienced Volunteers in a Mock-Functional Magnetic Resonance Imaging Environment: A Preliminary Investigation of Tolerability”. *Journal of Psychopharmacology* 25, 2010.

TERAPIAS PSICODÉLICAS [PP. 222-32]

1. Disponível em: <https://youtu.be/CNR405JZEio>.

2. CARHART-HARRIS, R. L. et al. “The Entropic Brain: A Theory of Conscious States Informed by Neuroimaging Research with Psychedelic Drugs”. *Frontiers in Human Neuroscience* 8, 2014.

3. Disponível em: <https://youtu.be/CNR405JZEio>.

4. Rochester, Vermont: Park Street Press, 2011.

5. Disponível em: <zendoproject.org/zendo-project-in-the-media/how-to-have-a-safe-psychedelic-trip>.

6. Disponível em: <www.globaldrugsurvey.com/brand/the-highway-code>.

7. Disponível em: <www.drugsmeter.com>.

8. POLITO, V.; STEVENSON, R. J. "A Systematic Study of Microdosing Psychedelics". *PLOS ONE*, 2019.

9. Disponível em: <www.erowid.org/culture/characters/hofmann_albert/hofmann_albert_interview1.shtml>.

10. Disponível em: <www.beckleyfoundation.org/microdosing-LSD>.

11. Disponível em: <www.selfblinding-microdose.org/faq>.

Bibliografia

Alan K. Davis et al. "Effects of Psilocybin-Assisted Therapy on Major Depressive Disorder. A Randomized Controlled Trial". *JAMA Psychiatry*, Chicago, 4 nov. 2020.

Albert Hofmann. *LSD: My Problem Child*. Santa Cruz: Multidisciplinary Association for Psychedelic Studies (MAPS), 2009.

Aldous Huxley. *As portas da percepção e Céu e inferno*. São Paulo: Biblioteca Azul, 2015.

Alexander Shulgin; Ann Shulgin. *Pihkal. A Chemical Love Story.* Berkeley: Transform Press, 2014.

Beatriz Caiuby Labate, José Carlos Bouso (Orgs.). *Ayahuasca y salud.* Barcelona: La Liebre de Marzo, 2013.

Beatriz Caiuby Labate, Clancy Cavnar (Orgs.). *The Therapeutic Use of Ayahuasca.* Berlim: Spreinger-Verlag, 2014.

Ben Sessa. *The Psychedelic Renaissance: Reassessing the Role of Psychedelic Drugs in 21st Century Psychiatry and Society.* Londres: Muswell Hill Press, 2017.

Bruno Ramos Gomes. *O uso ritual da ayahuasca na atenção à população em situação de rua.* Salvador: EDUFBA, 2016.

Charles S. Grob, Jim Grigsby (Eds.). *Handbook of Medical Hallucinogens.* Nova York: The Guilford Press, 2021.

David Nutt. *Drugs Without the Hot Air. Minimising the Harms of Legal and Illegal Drugs*. Cambridge: UIT Cambridge, 2012.

Don Lattin. *The Harvard Psychedelic Club: How Timothy Leary, Ram Dass, Huston Smith, and Andrew Weil Killed the Fifties and Ushered in a New Age for America.* Nova York: HarperCollins, 2011.

Ido Hartogsohn. *American Trip. Set, Setting, and the Psychedelic Experience in the Twentieth Century.* Cambridge: The MIT Press, 2020.

James Fadiman. *The Psychedelic Explorer's Guide: Safe, Therapeutic, and Sacred Journeys.* Rochester: Park Street Press, 2011.

Joaze Bernardino-Costa (Org.). *Hoasca: Ciência, sociedade e meio ambiente.* Campinas: Mercado de Letras, 2011.

Júlio Delmanto. *História social do LSD no Brasil: Os primeiros usos medicinais e o começo da repressão.* São Paulo: Editora Elefante, 2020.

Martin Lee, Bruce Shlain. *Acid Dreams: The CIA, LSD, and the Sixties Rebellion.* Nova York: Grove Press, 1985.

Michael Pollan. *Como mudar sua mente: O que a nova ciência das substâncias psicodélicas pode nos ensinar sobre consciência, morte, vícios, depressão e transcendência.* Rio de Janeiro: Intrínseca, 2018.

Oliver Sacks. *A mente assombrada.* São Paulo: Companhia das Letras, 2013.

Otavio Frias Filho. *Queda livre: Ensaios de risco.* São Paulo: Companhia das Letras, 2003.

Paulo Mendes Campos. *Cisne de feltro: Crônicas autobiográficas.* Rio de Janeiro: Civilização Brasileira, 2001.

Rick Strassman. *DMT, a molécula do espírito.* Brasília: Pedra Nova/ Centro Espírita Beneficente União do Vegetal, 2019.

Robin Carhart-Harris. "The Current Status of Psychedelics in Psychiatry". *JAMA Psychiatry*, Chicago, 29 jul. 2020.

Robin Carhart-Harris et al. "A Trial of Psilocybin versus Escitalopram for Depression". *New England Journal of Medicine*, Boston, 14 abr 2021.

Rosa Montero. *A ridícula ideia de nunca mais te ver.* São Paulo: Todavia, 2019.

Sidarta Ribeiro. *O oráculo da noite: a história e a ciência do sonho.* São Paulo: Companhia das Letras, 2019.

Stanislav Grof. *Realms of the Human Unconscious: Observations from LSD Research.* Londres: Souvenir Press, 1979.

Stephen Kinzer. *Poisoner in Chief: Sidney Gottlieb and the CIA Search for Mind Control.* Nova York: Henry Holt and Company, 2019.

Timothy Leary. *Flashbacks: A Personal and Cultural History of an Era.* Los Angeles: Jeremy P. Tarcher, 1990.

Tom Shroder. *Acid Test: LSD, Ecstasy, and the Power to Heal.* Nova York: Blue Rider Press, 2014.

Índice remissivo

A marca FSC® é a garantia de que a madeira utilizada na fabricação do papel deste livro provém de florestas gerenciadas de maneira ambientalmente correta, socialmente justa e economicamente viável e de outras fontes de origem controlada.

EDITORAS Rita Mattar e Fernanda Diamant
ASSISTENTE EDITORIAL Mariana Correia Santos
PREPARAÇÃO Guilherme Tauil
ÍNDICE REMISSIVO Probo Poletti
REVISÃO Eduardo Russo, Paula B. P. Mendes e Laura Victal
PRODUÇÃO GRÁFICA Jairo da Rocha
CAPA Alles Blau
IMAGEM DA CAPA Elisa von Randow
PROJETO GRÁFICO DO MIOLO Alles Blau
EDITORAÇÃO ELETRÔNICA Alles Blau e Página Viva

Dados Internacionais de Catalogação na Publicação (CIP)
(Câmara Brasileira do Livro, SP, Brasil)

Leite, Marcelo
Psiconautas : viagens com a ciência psicodélica brasileira / Marcelo Leite ; prefácio Sidarta Ribeiro. — 1. ed. — São Paulo : Fósforo, 2021.

ISBN: 978-65-89733-00-3

1. Experiência de vida 2. Fenomenologia 3. LSD (Droga) — Efeito fisiológico 4. LSD (Droga) — Uso terapêutico 5. Psicologia experimental I. Ribeiro, Sidarta. II. Título.

21-59176 CDD – 613.83

Índice para catálogo sistemático:
1. LSD : Experiências : Saúde pessoal 613.83

Aline Graziele Benitez — Bibliotecária — CRB/1-3129

1ª edição
2ª reimpressão, 2023

Editora Fósforo
Rua 24 de Maio, 270/276
10º andar, salas 1 e 2 — República
01041-001 — São Paulo, SP, Brasil
Tel: (11) 3224.2055
contato@fosforoeditora.com.br
www.fosforoeditora.com.br

Este livro foi composto em GT Alpina
e GT Flexa e impresso pela Ipsis em papel
Pólen Natural 80 g/m² da Suzano para a
Editora Fósforo em outubro de 2023.